Les Émotions De Votre E

儿童情绪心理学

如何养出情绪稳定、心态健康的孩子

[法] 艾丽斯·热拉巴尔（Alice Gélabale）◎ 著

[法] 阿努克·费里（Anouck Ferri）◎ 绘

盛芳　颜卓群◎译

人民邮电出版社

北　京

图书在版编目（CIP）数据

儿童情绪心理学 ：如何养出情绪稳定、心态健康的孩子 /（法）艾丽斯·热拉巴尔著 ；（法）阿努克·费里绘 ；盛芳，颜卓群译. -- 北京 ：人民邮电出版社，2025. -- ISBN 978-7-115-36566-8

Ⅰ. B844.1

中国国家版本馆 CIP 数据核字第 2025H4X389 号

内 容 提 要

情绪没有好坏之分，那些负面情绪背后往往是没有被看见的需求，父母需要了解孩子各种情绪产生的原因，才能掌握应对孩子不良情绪的科学方法、指导孩子培养积极情绪，以及塑造和谐的亲子沟通模式。

本书基于丰富的心理学与神经科学知识，全面解读儿童心理，为父母提供科学育儿的有力指导。作者从四个方面深入分析了儿童情绪：首先，介绍儿童各种情绪背后的心理机制及内心的真实需求；其次，告诉父母如何重塑沟通方式，让亲子关系更加平和；再次，强调成长环境的重要性，鼓励孩子探索大自然及自己的情绪和行为，进而提升心理技能；最后，作者指出了父母面临的几大挑战及应对措施。全书还提供了充满趣味性和游戏性的亲子实践活动，包括故事、游戏、呼吸练习、冥想等，书中内容在丰富亲子互动体验的同时，让养育之路更加轻松。

要想让孩子情绪稳定、心态健康，父母就要学习如何做合格的父母，本书正是所有父母了解儿童心理的钥匙与自我成长的指南。

◆ 著　［法］艾丽斯·热拉巴尔（Alice Gélabale）
　　绘　［法］阿努克·费里（Anouck Ferri）
　　译　盛　芳　颜卓群
　　责任编辑　田　甜
　　责任印制　彭志环

◆ 人民邮电出版社出版发行　　北京市丰台区成寿寺路 11 号
　邮编 100164　电子邮件 315@ptpress.com.cn
　网址 https://www.ptpress.com.cn
　北京鑫丰华彩印有限公司印刷

◆ 开本：880×1230　1/24
　印张：8.5　　　　　　　　　2025 年 3 月第 1 版
　字数：200 千字　　　　　　2025 年 8 月北京第 6 次印刷
　著作权合同登记号　图字：01-2024-1507 号

定　价：59.80 元
读者服务热线：（010）81055656　印装质量热线：（010）81055316
反盗版热线：（010）81055315

本书赞誉

　　在育儿过程中，孩子的情绪问题常常会让家长感到困惑和焦虑。如果你有这样的困扰，那么《儿童情绪心理学》这本书将是你的得力助手。本书作者凭借丰富的心理学与神经科学知识，深入剖析了儿童情绪的奥秘，从情绪产生的机制、情绪背后的需求，到如何调节情绪，都进行了详细的阐述。书中不仅纠正了常见的大脑认知误区，还介绍了诸多对孩子成长有益及有害的因素。更值得一提的是，书中提供了大量充满趣味性的亲子实践活动。这些活动在增进亲子联结的同时，还能助力孩子学会管理情绪、帮助家长缓解育儿焦虑。无论是新手父母，还是在育儿路上遇到瓶颈的家长，都能从这本书中找到专业且实用的方法和建议。

——侯志瑾

北京师范大学心理学部教授、

国际应用心理学会咨询专业委员会主席、

中国心理学会临床与咨询心理学专业委员会委员

在当代家庭教育中，儿童的情绪表达往往未能得到足够的重视与理解。选择阅读《儿童情绪心理学》的家长们，展现了对儿童心理发展的深刻认知与科学养育的前瞻性。本书通过实证研究支持的互动方法与游戏化策略，引导父母深入理解儿童情绪背后的心理需求，培养孩子成为情绪的主人。这不仅是一本育儿指南，更是促进亲子情感联结、助力儿童心理健康成长的上乘工作。相信本书能够为注重科学育儿的家庭提供专业而温暖的指导。

——姜佟琳

北京大学心理与认知科学学院研究员、博士生导师

心理学家丹尼尔·戈尔曼曾说："家庭是人们学习情绪的第一所学校。"认识情绪、表达需求、以合理的方式解决问题，这些都是孩子成长路上必备的技能。这是一本能让父母和孩子都受益的情绪管理书，它能帮助父母轻松养育、建立和谐的亲子关系；也能帮助孩子获得受用一生的情绪管理能力。无论是常见的养育困惑，还是特殊儿童的父母面临的挑战，读者皆能在书中寻得科学的指引。

——肖华军

烟台高新技术产业开发区第二实验幼儿园园长

　　《儿童情绪心理学》是一本集专业性、实用性和可操作性于一体的卓越著作。本书基于儿童发展心理学与神经科学理论，深入浅出地解析儿童情绪机制，为家长提供科学的养育指南，书中丰富的实践活动简单、易操作，非常适合家庭互动。对于心理教师来说，这本书也是一份宝贵的资源，书中的活动设计非常巧妙，这些活动可以应用于心理课堂和亲子工作坊。本书既是家长的游戏化养育指南，也是教师开展心理健康教育的实用手册，非常值得家长与教育工作者阅读。

——**肖秦**

清华大学附属中学管庄学校心理教师（一级教师）

　　孩子的情绪是他们内心世界的真实反映，父母真正看见并且理解孩子的情绪对孩子的成长和发展至关重要。《儿童情绪心理学》聚焦"儿童情绪"的相关内容，以大量充满趣味性和游戏性的亲子活动为载体，为家长提供了极具实用价值的养育实践指南。对于希望孩子情绪稳定、心态健康的家长来说，《儿童情绪心理学》是一本不可多得的育儿宝典。

——**邢淑芬**

首都师范大学心理学院教授

幼儿时期是个体培养情绪管理能力的关键阶段。良好的情绪管理能力，不仅能让孩子在幼儿园生活中更加自信、快乐，还能为他们的社会性发展打下坚实的基础。《儿童情绪心理学》这本书就像一把钥匙，帮助我们打开儿童情绪世界的大门。正如书中所提到的"情绪没有好坏之分"，我们需要透过幼儿的情绪去探究他们的需求。书中提供了许多实用的方法和案例，帮助我们更好地理解和引导孩子的情绪。我相信，这本书不仅能帮助家长和幼教工作者更好地陪伴孩子成长，也能让每个孩子都拥有快乐、健康的童年！推荐给所有关心幼儿成长的家长和幼教工作者。

——翟晶晶

新东方集团满天星幼儿园园长、北京区域运营总监

前　言

养育孩子这件事没有派系之分，也没有地域之别，它超越了一切界限，是国家良性发展的象征，关乎人类的未来。

父母是孩子的第一任教师，也是首先与孩子建立依恋关系的人。父母是孩子的榜样，在文化素养、家庭环境等方面影响孩子。

父母都希望尽可能做到最好，但如今的孩子已不同于往日的孩子。我们的生活时刻受环境影响，有时根本不容我们选择，如大量电子产品、新型社交媒体的出现等。作为父母，我们必须做好平衡，这样才能为孩子创造一个快乐成长的生活环境。在日常生活中，我们的每一个选择都至关重要。

分享科学、准确的信息，鼓励父母行动起来——这就是本书的目的！家长们可以根据当下的需求和疑惑，在本书中找到实用的指导来提升亲子关系。我们诚挚地邀请各位家长以简单、轻松的方式探索奇特的育儿世界！

无论是家长、教育工作者，还是儿童养育领域的专业人士，掌握与儿童情绪有关的知识都大有裨益。神经科学的快速发展为我们提供了深入了解儿童的锦囊，帮助我们调整与孩子之间的相处方式。养育孩子，我们要时刻保持清醒！

目　录

父母要学习如何做父母，并在孩子成长过程中理解他[*]的发展和变化。没有完美的父母和完美的孩子，但一路走来有许多完美的时刻！让我们怀着一颗尽力而为的心做"不完美"的父母吧！

第一部分
理解孩子的情绪

情绪没有好坏之分，只有愉悦与不快之别，而这取决于我们体验这种情绪时所处的情境。

---

* 为保证阅读的顺畅，本书在指代非特定的男孩、女孩时，均用"他""他们"代替。——编者注

1

第二部分
改变沟通方式，建立和谐的亲子关系

语言可以是一扇窗，也可以是一堵墙；可以将我们困住，也可以让我们解脱。父母要想和孩子更好地交流，就需要以清晰、积极且充满关爱的方式沟通。

第三部分
丰富环境，激发孩子的探索欲

孩子首先是其周围世界的探索者，然后才会变成创造者，重建其周围的世界。只有先尝试理解这个世界，他才能采取行动。

第四部分
父母的挑战

每个孩子都各具天赋，关键在于如何让它们展现出来。

引言 孩子的情绪需要被好好对待

对现在的家长而言，他们面临的挑战远远超过了他们的前辈，他们不仅要面对五花八门的育儿经，还要探索如何建立一种新的家庭模式，让每个成员都明白自己的角色和任务，更重要的是，他们要学会科学育儿，因为社会越来越期望他们"成为好父母"，他们被要求：

"积极向上！"

"认真细心！"

"亲和慈爱！"

儿童精神科医生、育儿专家丹尼尔·马塞利（Daniel Marcelli）这样解释道："从人们发现每个孩子都有自己独特的技能和潜质那一刻起，父母的角色就完全变了。'育儿'（parentalité）[1]这个词的出现便足以说明这一转

70% 的家长认为社会希望他们成为好父母。

---

[1] 在法国，育儿（parentalité）这一概念出现于 20 世纪末，源于医学、心理学和社会学领域，用来定义亲子关系。——译者注

变。何谓育儿？育儿指的是父母要满足孩子成长的需要。如今，父母都要学会如何适应自己的孩子；而以前，大多数家长从不思考自己是不是称职的父母，对他们而言，父母仅仅是一种身份，而他们只需要满足孩子的生活需求，为其提供良好的教育即可。"

不少人认为，育儿对年轻父母来说是一件极其幸福的事。然而，在这段常常被美化的人生历程背后，是父母的艰辛与疲惫，当然也有独一无二的欢愉时刻。为人父母不仅是一种幸福，更意味着操不完的心、数不尽的责任、做不完的事情，以及要解锁各式各样的养育技能。

那么，为人父母为何变成了一种压力，甚至是一种负担？我们可以从以下几个方面来解释。

糟糕的一刻、糟糕的一天、糟糕的一周并不会让你成为糟糕的父母。

两性角色的变化

近几十年来，两性角色发生了巨大的变化。在传统观念中，女性负责照顾家庭，男性负责赚钱养家。随着女性主义的兴起，男女角色分配冲破了传统的束缚，女性开始进入劳动力市场，如今的她们需要兼顾家庭和事业。性别解放也让女性拥有了选择和决定个人娱乐生活的权利。当然，父亲不再只是工作和赚钱的代名词，社会同样期望男性承担起养育子女的责任。两性角色的转变进而深刻影响了家庭中的育儿问题。所有父母都不得不在这个瞬息万变的社会中找到自己的平衡点。

生育观的改变

随着生育观的改变，人们可以选择：

- 孩子的数量；
- 生育的年龄；
- 两次怀孕的间隔时间。

生育的可选择性必然会从根本上改变我们的育儿观。因为一旦生育成为伴侣之间经过深思熟虑做出的决定，那么社会就会默认，家长不应该为此诉苦和抱怨。也就是说，人们要为自己的选择负责。

教育投入的增加

当下的教育和过去几十年甚至过去几个世纪的教育截然不同。儿童社会地位的变化彻底改变了我们的教育方式，这一点我们都有切身体会，例如，我们教育孩子的方式已经完全不同于父母一辈的教育方式。社会正在加速变化，我们这一代人已经很难与老一辈们产生共鸣了。

如今，各种媒体，尤其是网络媒体，都在传播各类育儿方法，令人应接不暇，而所有这些育儿方法和我们当年接受的教育截然不同。我们经常听到"育儿"一词。1960 年，贝内德克（Benedek）和拉卡米尔（Racamier）两位精神分析学家创造了该词（指前文提到的"parentalité"），用来形容父母心理发展成熟的过程。

总之，家长们几乎没有可供参考的经验，我们必须自己摸索出一套新的育儿方法。

父母要学习如何做父母，并在孩子成长过程中理解他的发展和变化。

我相信每一位家长都能创造适合自己的教育方式。教育是不断进化的，并且要有意识地进行。

- "如何帮助孩子应对情绪波动？"
- "如何撇开孩子的个性和身份来看待他的行为？"
- "怎样增强孩子的自信心？"
- "为什么这个小家伙让我不知所措？"
- "为什么别人教育孩子那么轻松？"

以上是每一位家长都可能会产生的疑惑。这本书将会帮助你回答这些问题。

为什么选择这本书

作为幼儿教育工作者、幼儿园园长、法国幼儿教育协会会长及两个孩子的母亲，我致力于为家庭保驾护航。我希望通过本书分享和传播神经科学领域，尤其是情感和心理学领域与儿童发展有关的最新知识。我还在这本书中提供了一些充满趣味性的游戏和实践活动（包括家长活动和儿童活动），让你和孩子增进对自己及对彼此的了解。

没有完美的父母和完美的孩子，但一路走来有许多完美的时刻！

在我看来，我们必须先认识自己、了解自己、接受自己，之后我们才能让孩子成为他自己，然后成为他理想中的大人。对家长来说，最重要的不是：

- 成为完美的父母；
- 样样做到最好；
- 创造一个完美的家庭。

而是按照我们自己的节奏养育孩子，同时尊重和倾听他人的意见。遇到困难时，我们要向伴侣、家人、朋友、邻居或者专业人士寻求帮助。

我们要学会善待自己！

因此，虽然育儿方法多种多样，但出发点都是为了孩子的全面、健康成长。

尽管我们深爱自己的孩子，尽管我们想成为最好的父母，我们下意识的反应有时仍会导致不和与疏远。这在所难免，也是生活的一部分。关键在于要认识到我们遇到或引发的人际矛盾都能通过沟通解决。

——乔恩·卡巴－金（Jon Kabat-Zinn）

孩子在成长过程中，其大脑就是父母大脑的一面镜子。如果父母情绪稳定，孩子也会从中受益，朝着更平衡的方向发展。这意味着整合与培养自己的大脑是你能够给予孩子的最美好的礼物。

——丹尼尔·西格尔（Daniel Siegel）

原版插画为漫画风格，人物非写实，手、脚等部位有夸张或省略。——编者注

理解孩子的情绪

情绪没有好坏之分，只有愉悦与不快之别，而这取决于我们体验

这种情绪时所处的情境。

情绪不分好坏：情绪的产生与作用

情绪和情感时常被混为一谈，其实二者之间有细微的区别。

情绪是纯粹的、原始的，它来势迅猛，难以立即克制，总是突然袭上心头，是一种不假思索、未经预谋的情感波动。陷入某种情绪时，我们应该学会迎接它、理解它，进而更好地接受它。

情感源于情绪。人在特定处境下会产生某种情绪，而这种情绪会进一步酝酿成某种情感。情感背后往往暗藏着情绪，需要你去探索和发掘。因此，情感是被大脑识别并持续存在的情绪，是一种内化的感觉，和需要释放的初始情绪相反。主要的情感有：

- 爱意；
- 善意；
- 孤独感；
- 被抛弃感；
- 罪恶感；
- 归属感。

当孩子陷入某种情绪时，理解和陪伴至关重要。为了更好地理解孩子的情绪，请家长用语言描述发生在孩子身上的事情。另外，本书中的实践活动还可以让我们进一步帮助孩子摆脱情绪困扰。

（内部的/外部的）
刺激

情绪

情绪不分好坏

从词源上看，"情绪"（émotion）源于拉丁语，é 表示"来自……"，motion 意为"运动、移动"。因此，情绪意味着向外的运动，是一种由外界刺激和（或）环境变化引起的生理反应。

原始情绪又称基本情绪，是儿童最初体验的几种情绪。孩子在 1 岁以前便可以表现出人的 6 种主要情绪，即愤怒、快乐、悲伤、恐惧、厌恶和惊讶。

生物反应

情绪

告警信号　　身体感觉

愤怒

愤怒由沮丧、不公、痛苦或无力感所引发。发怒是为了恢复完整的个人权利，捍卫自己的领地和缺失的需求，获得他人的尊重。为了调节这种情绪，孩子可能会大叫、坐立不安或握紧拳头。他需要让别人察觉到自己的情绪，还要有能力将其表达出来以获得理解。

快乐

快乐源自成功、相遇或分享，它可以强化幸福感与社交关系，也能给他人带来积极影响。孩子会通过大笑、微笑、欢呼雀跃或畅想来表达这种情绪。在这种情绪状态下，孩子需要和你分享他的快乐，一起享受这一刻。快乐促进学习，赋予生命意义。

悲伤

悲伤帮助我们接受损失或分离，其目的在于表达痛苦和获得安慰。孩子的悲伤表现为哭泣、呜咽或独处。此时孩子需要支持、抚慰、一个人静一静或者和父母待在一起来平复心情。

恐惧

　　恐惧源于危险，它能起到自我保护的作用。此时我们的生存本能被激活，表现为尖叫、身体颤抖或肌肉紧绷。陷入恐惧情绪的孩子需要得到安抚和保护。

厌恶

　　厌恶使我们不会摄入某些有害物质，或者通常会让我们避免某些威胁健康的情况。这种情绪也和社会不公有关。厌恶表现为本能的远离。我们要尊重孩子的喜好，不要给他制造不愉快的经历。如果孩子不喜欢吃某样东西，逼他吃没有任何意义。不过你可以把这种食物做成另一种样子，看他会作何反应。

惊讶

惊讶由意料之外的事物所引发，通常表现出"吓一跳"或者"惊呆了"的表情。这种情绪使我们快速跳出某种情境，有利于提高人们的创造力，增强好奇心，提升注意力。

其他所谓的"复杂"情绪到孩子 1 岁后才会出现。在这个时期，孩子开始明白自己是一个完整的、与他人不同的人。这些情绪同样类似于情感，源于自身的成长和经历、与他人的交往和互动，以及几种基本情绪的结合，通常更难辨别。

羞愧　　　　　　　轻蔑

内疚

尴尬

骄傲

情绪的发生分为以下 4 个阶段，持续约 90 秒。

1
积聚
压力在体内升腾

2
紧张
机体被调动起来

3
发泄
表达和释放自己

4
平复
恢复平衡与冷静

下图中的曲线展示了情绪强度随时间的变化。

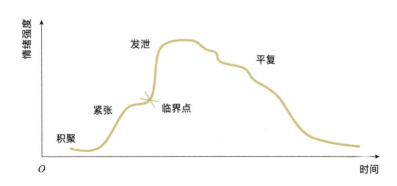

以愤怒为例

积聚

孩子感受到危险、沮丧和（或）不公平，但他不理解这种内心感觉和自己的身体反应，而这会引起焦虑并强化孩子此刻的情绪。

紧张

眉头紧蹙、双拳紧握、音调提高都有可能是愤怒的前兆。身体反应表现为体温升高、肌肉紧张，有时还会出现呼吸加速。

发泄

孩子将自己的需求表达出来。他可能需要被肯定、被当作一个独立的个体、传达自己未被满足的需求，或者告诉你他的极限所在。

平复

在这个阶段，父母应该采取关爱的态度，与孩子共情，耐心倾听。

因此情绪使我们能够：

- 适应环境；
- 和他人沟通并建立联系；
- 满足我们对安全感、身份认同及自我实现的需求。

情绪的背后是需求：
从神经科学的视角了解情绪

人在出生之初，大脑由大约 1000 亿个神经元构成。这些神经元负责神经信息的传递，并逐渐形成网络。各个神经网络都有其特定的功能，分布在大脑的不同区域。这个时期的孩子的大脑具有可塑性，同时也很脆弱且不成熟。

自出生开始，情绪就是人际关系的核心，对个体幼年时期大脑的发育有很大的影响。

孩子不是小大人，而是正在成长中的人！

神经内科医生保罗·麦克莱恩（Paul MacLean）认为，我们的大脑就像 3 层楼的房子。

1 层：爬虫脑，又称"本能脑"。它控制我们基本的生命活动功能（如呼吸、心跳等），同时也会本能地触发我们的防御机制。

2 层：边缘系统，又称"情绪脑"。它将我们经历的种种事件存储为记忆。边缘系统让我们感受到所有情绪，当大脑足够成熟且孩子能够表达情绪时，这些情绪会受到新皮层的调节。孩子到 5 ~ 6 岁时，神经元连接仍未完全建立，情绪调节依然存在困难。这就是为什么幼儿需要家长帮助调节情绪。

　　3 层：大脑皮层，又称"思维脑"。它是智力与思考的中枢，分为左右两个相互作用的部分。它使我们能够推理、思考、解决复杂问题；让我们可以发展创造力、想象力，以及关于自我意识与他人意识的所有概念。

麦克莱恩给出的人类大脑简图

　　爬虫脑在人们面对危险时会被触发，身体会出现攻击、躲避、晕厥等本能反应。该区域自旧石器时代便停止进化。

　　大脑在 25 岁左右发育成熟，但它其实还会继续进化。

　　边缘系统使我们能够识别事物是否令人愉快。它可以调节由爬虫脑产生的原始生存本能。

边缘系统的海马有助于调节情绪，促进有意识记忆，从而对学习产生影响，杏仁核则是情绪产生的地方。

大脑皮层与高级认知功能相关，其中包括：

- 意识；
- 感知；
- 运动控制；
- 学习；
- 空间感。

从数字看大脑发育：

- 人类基因组：22 000 个基因；
- 人脑：1000 亿个神经元。

大脑的重量：

- 新生儿：0.4 千克；
- 1 岁：1 千克；
- 5 岁：1.3 千克；
- 成人：1.4 千克。

大脑和脊髓保障了人体智力、感觉和运动功能的运行。大脑主要分成左右两个半球，由神经纤维构成的胼胝体在两个半球间起到沟通作用。

额叶这一区域也很重要，是以下主要功能的中枢：

- 思维；
- 综合概括；
- 创造。

不过，大脑皮层只有在信息能轻松到达的前提下才能有效处理信息。一旦我们的"情绪脑"过于饱和，大脑皮层就无法运行分析与概括功能，而这一功能是解决问题的关键。因此，只有减轻边缘系统的情绪负荷，大脑皮层才能从容地工作。

情绪的背后是需求

人类既有生理需求也有心理需求，它们会随着个体的年龄增长和大脑发育而变化。人本主义心理学奠基人亚伯拉罕·马斯洛（Abraham Maslow）以金字塔的形式对人类需求进行了分层，该理论被称为"马斯洛需要层次论"。其中所描述的需求相互依存，人只有在低一级的需求得到满足之后才会追求更高一级的需求。自下而上第一层至第四层是"必要"需求，是身心愉悦的关键，当这些需求未得到满足时，个体可能会产生严重的应激反应，如焦虑，极端情况下还会引发心理障碍。

怎样陪伴孩子

　　给予孩子足够的安全感，满足他的基本需求，帮助他理解自己的内心。这些举措可以让孩子建立稳固的内核。因而陪伴孩子就要在他身边，给予身心两方面无微不至的关怀与照顾。

　　关注孩子。从孩子出生起便与其对话，并描述你的所感所想。

向孩子展现你的爱意与温情，认真倾听孩子的想法。要站在孩子的角度，留心他的一举一动，给他创造表达的机会。

让孩子亲身体验、探索环境。孩子有时需要独自了解周遭的世界，你必须对他有信心，允许他犯错，允许他在有安全保障的前提下跌倒，这样孩子才能更好地了解自己的身体，探索丰富的环境。

让孩子感受自己的情绪及其对身体的影响。孩子需要通过活动、放松和表达使自己感觉良好，所以父母应该珍惜陪伴孩子的宝贵时间，在陪伴过程中感知孩子的情绪状态。

提高"幸福激素"水平：
从生物学的视角调节情绪

大量的皮质醇

皮质醇是由肾上腺分泌的一种激素，会在白天通过循环扩散到血液中。这种激素

对人体机能的正常运行至关重要，可以调节身体对压力的反应。这是一种防御机制，有助于个体对危险做出快速且适当的反应。

　　儿童和青少年的大脑对长期的高压尤为敏感，这种压力对孩子的发育和健康是有害的。

皮质醇对大脑的影响

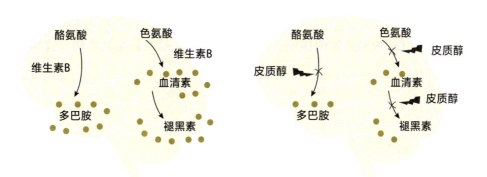

正常状态下的大脑　　　　　　　　　应激状态下的大脑

可能引起应激反应的原因如下图。

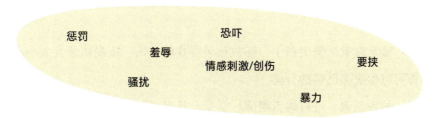

皮质醇对儿童大脑发育的影响

皮质醇会破坏髓鞘（髓鞘是包裹神经纤维的外膜，它能保障神经冲动的正常传导），从而降低神经元的连接效率，具体体现为以下两点。

- 破坏大脑中不同层次的神经元。前额皮层神经元损伤会导致情绪调节失控、注意力不集中和学习困难；海马神经元受损则会造成记忆困难。
- 导致大脑容量下降。大脑在感知到情绪后将信号传递至二级神经元，随即神经元将促进分泌各种激素。

愉悦的感官刺激和温馨的环境会使大脑（大脑皮层）分泌催产素，这种激素有利于：

- 增强自尊心；

- 强化幸福感与动力；

- 感知他人情绪，从而产生同理心。

父母无微不至的关怀会极大地促进孩子分泌催产素。

提高"幸福激素"水平的建议

多巴胺：满足激素。赞美孩子、播放孩子喜欢的音乐、庆祝孩子大大小小的成就，这些举动都可以促进多巴胺的分泌。

血清素：愉悦激素。进行体育锻炼、享受自然光可以促进人体分泌血清素。

催产素：爱的激素。给予或接受他人的拥抱、陪伴在亲人左右、表达善意、冥想都有利于催产素的分泌。

肾上腺素和去甲肾上腺素：勇气激素。培养孩子独立自主的能力，鼓励他大胆探索，这些都有利于刺激肾上腺素和去甲肾上腺素的分泌。

内啡肽：幸福激素。大笑、唱歌、跳舞、玩乐、进行创意活动、发展某项爱好均可促进内啡肽的分泌。

褪黑素：睡眠激素。选择昏暗或黑暗的环境入睡可以促进褪黑素的分泌，以获得更高质量的睡眠。

此外，大脑的前额皮层相当于控制塔，其执行功能的发展可以使孩子更好地管理自己的思维、情绪及行为。该功能会影响孩子的社交生活、情感体验和智力表现，是其他认知功能的指挥官，因而至关重要。它参与调节记忆、理性思考、语言等一系列行为。要促进执行功能的发展，需要着重关注以下 4 个方面。

- 工作记忆：记住信息和（或）指令。
- 自我控制：克制冲动，稳定情绪。
- 规划：预知下一步计划。
- 心理灵活性：适应新的环境。

因此，对孩子重复若干次指令是很正常的事情，我们必须理解和关注孩子的实际情况。上述这些能力是孩子能够进入最佳学习状态的前提条件。

任性：一种隐藏的需求

我们有时觉得孩子任性、执拗，是在折磨我们，然而这是一种错误的看法。在我看来，任性是我们以大人的眼光对孩子的行为做出的评判。也就是说，我们将孩子的行为当成了成年人的所作所为。例如，孩子因为不想去幼儿园而哭闹，他并非在无理取闹，而是在表达自己的需求未被满足。此外，由于孩子的大脑尚未发育成熟，他无法做到理性地控制自己的情绪。

因此，孩子的情绪波动并不是毫无缘由的。情绪是对某种处境做出的不受控制的身心反应，由于孩子的大脑仍未发育完全，他不可能伪装自己的情绪。

任性的背后是亟待解决的问题，是需要破解的谜团。

——玛丽亚·蒙台梭利（Maria Montessori）

对儿童健康成长有害的因素

家长的不良行为

我们的一些行为可能会对孩子的健康成长带来负面影响，例如，向孩子发泄愤怒情绪，把他推到角落，冲他大吼大叫，贬低或羞辱他。尽管这些行为在短期内似乎奏效，实际上却会对孩子和亲子关系产生有害影响。此外，它们还会强化"暴力是一种解决问题的方法"的观念。这类行为对孩子的整体发展影响重大，尤其影响大脑的情感区域，即调节情绪、共情、组织思想与行为的眶额叶皮层。因此这些行为会适得其反，因为它们强化了消极感受，阻碍了落实责任和独立自主的过程，而这两个方面在儿童的成长中十分重要。

法国自 2019 年 7 月 2 日起明令禁止包括打孩子屁股在内的所有日常教育暴力行为。法律强调教育不得出现身体、精神及语言上的暴力，包括扇耳光、打屁股、侮辱、恐吓与情感要挟等行为。

日常教育暴力是指以教育的名义（如纠错、惩罚）对儿童使用的各种精神、语言和（或）身体暴力。这些暴力行为通常会被接受和容忍。

这些看起来无害的行为其实会使儿童处于严重的情感危机状态。

例如，当孩子不想和祖母亲近时，有两种态度供我们选择：要么强迫孩子，要么尊重他的想法。

当然，我的建议是采取第二种态度，因为通过尊重孩子传达给我们的信息，可以向他表明我们接受他对我们说"不"或者"我不想"。这段经历也告诉孩子，在采取任何行动之前，必须征得对方的同意。大人可以根据孩子的年龄和情况与他进一步交流，以便更好地理解孩子拒绝的原因。

我们也可以建议孩子用挥手的方式和祖母打招呼，或者给祖母一个飞吻。

不健康的食品

孩子应该吃含碳水化合物的食品。碳水化合物是身体主要的供能物质，且供能速度最快，肌肉和大脑的运作都离不开它，由此可见它的重要性。但并非任何碳水化合物都要照单全收，也不能摄入过量！摄入过量的劣质糖类会危害孩子的健康，导致超重、失眠、龋齿等问题，还会对学习产生不良影响，如认知迟缓、记忆力差、注意力不集中等。

不是所有糖类都值得吃！法国国民营养健康计划建议：

- 限制或避免儿童饮用碳酸饮料及含糖饮料。这类饮料应放在孩子触及不到的地方，并且不在用餐时提供；
- 控制乳制品中的含糖量；
- 减少甜食摄入；
- 选择巧克力或果酱面包，而非酥皮类糕点；
- 选择新鲜水果，食用自制蛋糕而非工厂蛋糕。

添加糖的 4 个主要来源：

- 含糖饮料；
- 糖果；
- 乳制品甜点；
- 加工食品。

　　大脑需要的是优质碳水化合物（如粗粮、半粗粮）和优质油脂（如坚果、深海鱼、植物油）。购物时记得查看食品的配料表与营养成分表。

过度使用电子产品

　　2018 年 3 月 5 日，法国卫生部修订了健康手册，将包括限制使用电子产品在内的一系列新建议纳入其中。手册明确指出，建议 3 岁以下儿童不使用电子产品。

　　以下是为孩子提供的一些替代方案：

- 绘画；
- 搭积木；
- 看书；
- 听音乐；
- 运动。

　　图像所传达的情绪会给儿童造成强烈的冲击。他们完全被图像所裹挟，但尚不具备辨别及脱身的能力。儿童看到的东西也许真的会吓到他们，从而引发焦虑和噩梦。

　　　　　　——卡特琳·盖冈（Catherine Gueguen），法国儿科医生、儿童心理专家

为什么建议限制使用电子产品

电子产品不利于儿童的成长发育，会阻碍认知发展、消耗注意力、强化对孤独的恐惧、缩短睡眠时间、加剧情绪（尤其是挫折感）管理的困难程度。

为了合理使用电子产品，法国临床心理学家萨比娜·迪弗洛（Sabine Duflo）提出了以下不使用电子产品的 4 种情境。

儿童减少使用电子产品的好处如下：

- 在日常活动中更加专注；

- 有更多时间和父母交流，同时丰富自己的词汇量；

- 拥有更好的睡眠，因为屏幕蓝光会抑制褪黑素分泌并推迟自然入睡的时间。

睡眠对儿童的身心发育非常重要，因为睡眠不足会影响：

- 免疫系统，进而影响身心健康；
- 生长激素的分泌，因其在夜间合成；
- 大脑的成熟度，进而影响儿童的整体发展、学习能力及情绪管理能力；
- 性情；
- 人际关系的质量。

由此可见，睡眠不足会产生短期和长期的影响。

由瓦兹欧·塔迦尔（Vastsal Thakkar）博士牵头的一项研究表明，有睡眠问题的儿童中有 1/3 患有多动症。

孩子在夜间醒来是很正常的，年纪小的孩子可能需要陪伴才能重新入睡；而年龄稍大的孩子可能无需陪伴便能再次进入梦乡。

孩子 3 岁以后，如果你有时让他看了一些动画片或其他视频，也不要因此感到内疚。你可以和孩子分享这些时刻，一起交流体会，了解他对世界的看法及他的情绪。孩子使用电子产品的关键问题在于使用时长及使用目的。

对儿童健康成长有利的因素

日常计划和惯例

为了让日常生活更加轻松便利，孩子需要一些参照标准，因此为他们制订日常计划或惯例非常重要。日常活动是孩子生活中至关重要的一部分，而生活中的惯例不仅可以让他们感到安心，更重要的是有助于他们从容不迫地成长，所以有规律的作息很重要，吃饭、午休、睡觉、洗澡等日常活动都需要规定具体的时间。这样，孩子就会知道吃完午饭要去午睡，午睡过后是吃点心时间……日常惯例还包括亲子交流时间，如睡前给孩子讲故事、哼唱儿歌或按摩后背。

这些在家庭日常生活中建立起来的大大小小的惯例会一直伴随孩子成长。孩子的生活越规律，他就越感到安心，也越有安全感。当然，生活中总有一些例外情况会打乱我们的日常计划，如赴晚宴、旅行、周末活动等。我们需要花点时间向孩子解释这些变化。记住，这些生活的插曲可能会对孩子的行为产生影响。

有条不紊的日常计划还能让孩子更加独立自主，因为他们很清楚自己每天需要重复的事情，如餐前洗手、睡前刷牙、穿睡衣睡觉等。规律的作息一旦形成，孩子对自己的一天了然于心，他的自信心和自主能力也能随之得到提升。

日常计划的关键要素

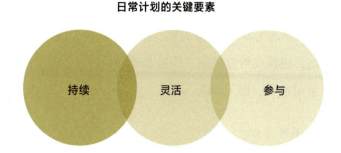

持续　　灵活　　参与

高质量的睡眠

睡眠是个体的生理和生存需求，一段完整的睡眠包含多个周期，睡眠周期随着孩子年龄的增长而发生变化。

松果体，又称脑上腺，它分泌一种被称为睡眠激素的褪黑素。褪黑素在无光的环境下产生，主要作用是调节睡眠和清醒周期。人的夜间睡眠通常由 4 ~ 6 个睡眠周期组成，每个周期包括慢波睡眠和快速眼动阶段。

0 ~ 2 个月：睡眠周期为 50 分钟。依次是入睡，易惊醒，沉睡，进入下一个睡眠周期或苏醒。

2 ~ 9 个月：睡眠周期为 70 分钟。依次是入睡，快速眼动期，慢波睡眠，深度慢波睡眠，进入下一个睡眠周期或苏醒。

9 个月 ~ 3 岁：睡眠周期为 70 分钟。依次是入睡，浅度慢波睡眠，深度慢波睡眠，快速眼动期，进入下一个睡眠周期或苏醒。

3 ~ 6 岁：睡眠周期为 90 ~ 120 分钟。依次是入睡，浅度慢波睡眠，深度慢波睡眠，极深度慢波睡眠，快速眼动期，进入下一个睡眠周期或苏醒。

6 岁~成年：睡眠周期为 90 ~ 120 分钟。依次是入睡，极浅慢波睡眠，浅度慢波睡眠，深度慢波睡眠，极深度慢波睡眠，快速眼动期，进入下一个睡眠周期或苏醒。

孩子的睡眠质量很重要，因为睡眠：

- 对大脑发育必不可少；
- 调节多种激素的分泌，包括生长激素、皮质醇、胰岛素、饥饿激素等；
- 有助于提升注意力、巩固记忆、提高学习效率；
- 降低成年后患 2 型糖尿病和高血压的风险；
- 修复免疫系统，帮助身体抵御感染。

孩子疲劳的迹象有：

- 打哈欠；
- 揉眼睛或揉脸；
- 躺在地上；
- 举止变得笨拙；
- 寻求安抚；
- 待在安静的地方；
- 兴奋、激动；
- 哭泣；
- 想要自己的玩偶或吸吮自己的手指。

帮助孩子入睡的建议：

- 睡前做一些相对安静的活动；
- 最好选择黑暗的或有柔和暖光的环境；
- 房间温度保持在 18℃ 至 22℃；
- 保持规律的作息；
- 避免睡前看任何电子产品。

对于婴儿：

- 采用仰卧睡姿；
- 避免使用枕头和被子；
- 避免佩戴首饰。

至于午睡，睡眠环境最好留一点自然光，或者半掩着窗帘，以免扰乱孩子的昼夜节律。研究建议，年龄超过 2 岁且晚上入睡困难的儿童午睡结束时间不宜晚于下午3:30，如果超过这个时间，家长应该轻轻地唤醒孩子。

儿童夜惊症是在睡眠中出现的短暂清醒，一般发生在主要睡眠周期的后半程。发作时，孩子通常会躁动不安，并且伴有明显的受惊迹象，如心率加速、呼吸加快、出汗等。他甚至有可能会尖叫、难以安抚。这个过程会突然结束，孩子再次入睡，醒来时完全不记得发生了什么。

4 岁以下儿童是夜惊症高发人群，6 岁以下的儿童中约有40% 患夜惊症。

噩梦是引起恐惧的梦境，通常发生在快速眼动睡眠阶段。孩子会因噩梦而醒来，一般次日仍然记得梦的内容。偶尔的压力也有可能引发梦魇。我们需要做的是传授给孩子一些应对技巧，告诉他在梦里看到的画面是由大脑产生的。

一些安抚的话语

"你醒来后可以改变梦中的画面，也可以选择梦的结局。"

"有时你在梦中见到的画面其实是你的情绪，

你可以尝试征服它们。"

"你可以画出那些让你感到害怕的画面，然后把它们扔掉或撕碎。"

"读故事时，对于那些让你害怕的片段，

你可以说一说自己的想法。"

培养一些习惯也有助于孩子改善睡眠、减少噩梦和夜惊症的出现。首先，最重要的是养成好的就寝习惯，让孩子形成就寝时间观念并帮助他缓缓进入梦乡。就寝习惯还可以让孩子放松并安静下来。如果孩子在夜间总睡不安稳且容易焦虑，那么应当避免给他讲一些可能会吓到他的故事，如有关狼或女巫的故事等。此外，睡前 1 小时不看任何电子产品，因为屏幕亮度会刺激孩子神经，干扰他们入睡。

你知道吗？

睡整觉指的是连续睡眠 6 ~ 8 小时。

3 月龄儿童：26% 的孩子晚上可以睡整觉。

> 12 月龄儿童：62% 的孩子晚上可以睡整觉。
>
> 2 岁儿童：75% 的孩子晚上可以睡整觉。
>
> 父母晚上常常被孩子吵醒，这完全是正常情况。

睡前的每一步准备工作都是为了营造轻松的氛围。固定的晚间作息时间可以让孩子更加放松和安心地入睡，因为此前他已有心理预期。让孩子养成就寝习惯也有助于培养他的自主能力，让他学会独立行事及在需要时获得父母的支持。

晚间计划

袋鼠式护理

母亲和孩子之间的肌肤接触可使孩子的压力激素分泌量减少 74%[1]。父亲和孩子也是如此。袋鼠式护理有助于建立亲子间的依恋关系：

- 让父母与孩子更加亲近，建立良好的亲子联系；

---

[1] 数据来源：Modi N, Glover V, Non-pharmacological reduction of hypercortisolemia in preterm infants, Infant Behavior and Development 1998; 21(86), Special ICIS issue.

- 满足孩子情感和情绪上的需求；

- 让孩子缓缓地醒过来；

- 提供安抚与安全感；

- 帮助孩子调节情绪；

- 对孩子的身心有益；

- 展露父母对孩子的爱；

- 培养孩子的归属感。

由于婴儿的肌肉尚未发育到足以支撑其头部和背部的程度，袋鼠式护理可根据孩子的年龄、肌肉张力、骨盆张开度，以及清醒程度等实际情况进行调整，为孩子提供身体的承托，同时还能让孩子拥有和子宫相似的感官环境：摇晃、包裹感、心跳声、父母声音的振动及气味。

正确的袋鼠式护理应遵循以下安全要点：

- 将婴儿直立贴于胸前；

- 保持婴儿呼吸顺畅（不要覆盖头部）；

- 坐着或蹲下时给予婴儿背部足够的支撑；

- 穿戴合适的衣物。

袋鼠式护理不仅符合孩子的生理特征，也能满足他们的安全需求，从孩子一出生就可以采用（无论孩子足月还是早产），没有年龄限制。随着孩子渐渐长大，需要根据实际体重和身高调整背带。在选择背带类型前，首先要观察孩子喜欢哪种怀抱姿势。西方常见的背带有：

- 编织或针织背带；

- 有环吊带式背带；

- 亚洲式双肩背带；

- 双肩腰凳。

选好背带类型后，还需要确保以下几点：

- 让孩子脊柱保持弯曲的姿势；

- 两侧腘窝间的整个骨盆都得到良好的支撑，双腿自然、适度地张开；

- 膝盖与臀部持平或高于臀部，倾斜骨盆以保持弯曲；

- 手臂与脸颊最好保持同一水平，或者收于身体两侧，以保证身体的收拢和蜷缩。

　　身体和精神两方面的袋鼠式护理对孩子来说非常重要。在这种照料模式下，孩子会逐渐接受与依恋对象之间的距离并平稳地与其分离，同时更好地理解自己的身体图式和内外部感知，适应周围的环境。最重要的是，亲子间的肌肤接触可以起到安抚与宣泄情绪的作用。双方在这一刻的分享与信任会深深刻入孩子的潜意识并伴随他成长直至成年。袋鼠式护理不仅适用于婴幼儿，6岁甚至10岁的孩子同样需要大人的怀抱。当然，年龄较大的孩子与婴儿的照料方式有所不同，但这种行为带来的好处是相同的。一个安抚的动作、一个信任的眼神、一句鼓励的话语，都体现了对孩子的呵护与支持，可以增强他们的安全感，而这正是孩子的重要需求之一。只有获得足够的安全感，孩子才能茁壮成长并大胆探索世界。

在教育方面树立亲和力与威信

　　家长的威信应建立在信任、尊重、倾听及非暴力沟通的基础上，这样才有利于化解误会和冲突，而孩子的反应一定会让每位家长惊喜万分（详见第二部分）。

　　在这种教育模式中，孩子拥有主动权，可以表达拒绝，家长也尊重孩子的意见。我们通过这种方式告诉孩子，同意是保护自己、倾听他人、接受拒绝必不可少的条件。

　　同意必须是：

- 自由的，没有强迫和要挟；
- 明确的，不模棱两可；
- 适当的，考虑当事人的接受能力；
- 具体的，每个行为、每次都要征得当事人的同意；
- 可变的，当事人可能随时改变主意。

　　✓ 可以
　　✗ 不可以
　　✗ 不确定

享受轻松一刻

　　日常生活中的短暂休憩可以让孩子的精力更加充沛。家长可以养一些解压植物，供休息或冥想时使用。纯露，又称水精油，是精油在蒸馏萃取过程中分离出来的芳香水溶液，只含有 0.2% 的精油，具有镇静和放松的效果。在给孩子使用前，建议在其手腕或身体其他部位进行过敏测试。在测试 24 小时后，可以用纯露给孩子湿敷或将纯露喷洒到孩子所处的环境中。

纯露使用建议

常见的纯露有橙花、罗马洋甘菊和狭叶薰衣草纯露。

巴赫花精疗法[①]也有诸多益处，有些可以帮助孩子更好地调节情绪，其中：

- 樱桃李花精有助于缓解暴怒情绪；
- 猴面花精有助于克服已知的恐惧，如怕黑；
- 岩蔷薇花精有助于平复夜惊等引起的恐慌情绪；
- 伯利恒之星和柳树花精适用于过渡期及转变期，如搬家、分别等。

如果想使用适合自己的复合花精配方，请务必咨询医师。花精没有任何成瘾风险，甚至有多达 6 种植物复配的花精。为安全起见，使用前请在孩子手腕内侧进行过敏测试。

使用建议：向 1 个 30 毫升带滴管的有色小瓶中加入纯净水和 2 滴花精。

按摩也是一种放松方式。在给孩子按摩时，我们不仅可以把爱传递给他，还能与他共享温馨的亲密时刻。按摩前需要征得孩子的同意。可以结合使用一些气味较淡的可食用植物油脂，如葵花籽油（富含维生素 E）、菜籽油（富含 Ω-3 脂肪酸）及荷荷巴油（富含维生素 E，有抗菌功效，适合敏感肌肤）。按摩油最好选用纯天然的冷压精油，如 2/3 葵花籽油与 1/3 菜籽油混合。使用前请进行过敏测试。

按摩有很多好处：

---

① 英国医师爱德华·巴赫（Edward Bach，1886—1936）使用 37 种植物花卉和天然泉水研发出一套花精疗法，用来帮助人们释放情绪压力，实现情感平衡。该疗法被称为巴赫花精疗法。——译者注

- 强化依恋关系：增加亲子接触、改善关系、增进感情；

- 纾解压力：放松身心、减少哭泣、缓解紧张；

- 刺激身体：释放幸福激素——内啡肽，促进情绪稳定、提振信心及放松身体，促进神经发育、血液循环，唤醒感知、提升身体感觉（即身体意识[①]）；

- 有利于身体健康：缓解胃部不适、增强免疫力、松缓肌肉紧张。

按摩童谣：做水果挞

轻轻摊开面团（手掌平放，轻抚背部）；

打小洞（用手指轻轻敲打整个背部）；

切水果（让孩子在脑海里想象自己喜欢的水果，

然后用手轻轻敲击整个背部）；

放果肉（掌心旋转按压）；

撒糖粉（先用指尖轻轻敲打，随后用掌心轻轻拂过背部）；

入烤箱（双手由上而下滑过整个背部）；

切开品尝（用双手按压背部两侧）。

按摩时，我们用上述童谣向孩子描述每一个动作，还可以让他参与进来。

绘画或填色不仅可以让孩子尽情发挥想象力，还能让他们更加关注自己的感受、获得更多的能量。家长可以为孩子准备一些曼陀罗图案。"曼陀罗"意为圆圈、中心，

---

① 对身体肌肉状态、姿势、关节活动、平衡、方向等方面的感知能力。——译者注

在很多文化中被当作一种冥想工具。曼陀罗最初由彩砂制作而成。制作者完成作品后便会将其全部吹散，以这种方式告诫自己生活中没有什么是永恒的，一切都处在变化之中。

为什么使用曼陀罗图案？

- 曼陀罗图案可以让孩子集中注意力并积蓄能量。
- 给孩子提供一段安静的独处时光。

如何使用？

- 准备多幅曼陀罗图案和彩色画笔。
- 给图案上色。

曼陀罗图案有以下几种获取途径：

- 家长或孩子自己绘制；
- 从网上下载模板并打印出来；
- 购买曼陀罗图画书。

如果你看到这里已经感觉有些力不从心，别担心，我们都是不完美的父母。美不正是存在于不完美之中吗？最重要的是，我们要始终朝着更好的方向前进。孩子爱的是我们真实的样子！我们的不完美还能让孩子意识到每个人都会犯错，包括他的父母，而且他自己也有犯错的权利。正是不断地尝试让我们学习到更多的东西。

让我们怀着一颗尽力而为的心做"不完美"的父母吧！

我们在观察、尝试和领悟中逐渐学会如何做父母。为人父母不仅有幸福，还有疑惑、恐惧……有高潮，也有低谷，这就是生活。

幸福不在山峰之巅，而在攀登的过程中。

关于大脑的 6 个误区

以下列出了与大脑有关的 6 个误区。

误区 1：大脑在个体 6 岁前完全定型

无论多大年龄，我们的大脑会一直进化、改变，尽管大部分神经元在出生时就已生成并伴随我们终生。认知的发展具有主动性，包括进步、停滞和退步 3 个阶段。当然，我们的大脑会在某些时期呈现程度不一的可塑性，此时大脑在学习后更容易自我重塑。也就是说，脑神经的可塑性可能会以不同程度贯穿我们的一生。

然而，值得强调的是，儿童生命的最初几年是成长发育的关键时期，无论对于当下身为儿童的他们，还是对于将来身为成人的他们，这几年是他们一生的基石。

误区 2：左脑发达的人逻辑能力更强，右脑发达的人创造力更强

"左脑发达的人逻辑能力更强，右脑发达的人创造力更强。"从生物学角度来看，这种说法并没有科学依据。每个人都有自己的学习方式（通过视觉、听觉、动觉等）。目前没有任何研究表明学习者的个人特点与学习或记忆效率之间存在相关性。

误区 3：男孩的数学成绩比女孩好

目前社会学及神经生物学的相关研究明确表明，性别和数学成绩不存在任何关联。如果说女孩对数学的兴趣似乎不如男孩，原因一定不是神经生物学层面上的，更多地与文化层面的性别刻板印象有关。

误区 4：大脑可以多线程运作

人们之所以有这种感受，是因为某些动作其实是大脑自动完成的，就像条件反射一样，变成了我们的下意识动作，我们只需要用很少的注意力就能完成这些动作。当我们同时进行两项有意识的活动时，往往有一项活动无法被出色地完成，因为人脑很难同时将注意力分配到多项任务上。事实上，所谓的"多线程"只是在不同任务之间快速切换。

误区 5: 我们只使用了大脑的 10%

虽然这个理论在社会中根深蒂固，却并没有科学依据。人脑中的每一个神经元都有其作用，但并非同时被激活。脑部影像显示，即使个体在休息时，仍有超过 10% 的神经元处于兴奋状态。而一旦个体受到某种感官刺激，其大脑结构及众多神经网络会立即被激活，这一过程只需要大约 100 ~ 200 毫秒。

此外，我们的身体需要源源不断的能量来维持机体运作，活动量越大，能量需求就越大。科学研究表明，成年人的大脑每天需要消耗大约 20% 的能量，儿童和婴儿的大脑能耗更高，分别达到 70% 和 80%。

目前还没有任何科学研究能够准确界定人类的认知能力，但可以肯定的是，我们对认知能力的运用超过了 10%，而且每个人都能使用整个大脑，除非有脑损伤导致某些神经连接受阻。

误区 6: 激素不会影响大脑结构

如我们所知，激素会影响我们的行为。激素水平的波动会改变我们的情绪状态和思维方式，也会改变我们的大脑结构。神经科学家发现，女性的大脑结构在经期内会发生改变。月经期间，由于黄体期激素，尤其是孕酮的大量分泌，女性的情绪可能有所改变。激素的变化可能会导致焦虑甚至抑郁症状。另外，暴力侵害儿童的罪行往往发生在女性施害人的经期开始之前。男性的激素水平周期为 24 小时，且随季节变化。一般来说，男性的睾酮水平从早到晚呈下降趋势，因此相较于夜晚，男性在早晨精力更充沛。

养育锦囊

- 大脑在个体 25 岁以后发育成熟，不过请放心，它仍然会以较慢的速度进化。

- 孩子并非无理取闹，他只是处在"情绪风暴"中，无法控制自己的情绪，他需要爱、理解和陪伴。

- 有情绪是自然且普遍的现象，情绪需要被表达出来。多种情绪有可能会交织在一起。表达情绪可以释放自我，压抑情绪只会将自己压垮。

- 接纳孩子的情绪不代表容许他的任何行为。父母要明确指出："你有权表达自己的情绪，但是你刚才的行为举动是禁止在家里出现的。"当孩子的心情平复后，与他讨论刚刚发生的事情，明确区分孩子的理性行为和意气用事。

- 多用肯定句和孩子沟通，因为他们不太能理解否定句；着重关注孩子的行为。你如果想让孩子停止扰人的行为，可以对他这样说："停，请你说话小声一点！""停，请你脚步放轻一些！"

- 要有爱心和耐心，以言传身教的方式向孩子展示应该怎么做。将你的情绪告诉他，另外还要注意你自己的言行举止。你的言行应当保持稳定、一致，为孩子树立榜样。

- 给孩子创造可以活动和发泄的机会。

- 为孩子提供高质量的互动，如游戏、阅读、趣味活动等，让双方都感到愉悦。鼓励他大胆尝试、自由探索。

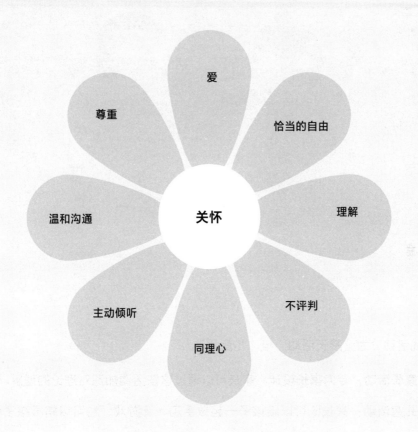

实践活动

做情绪的主人

实践活动说明

实践活动分为"家长活动"与"儿童活动"。

- ➲ **家长活动**：专为家长设计。家长可以通过这些活动加深对理论的理解。
- ➲ **儿童活动**：家长既可以陪孩子一起做手工、玩游戏，也可以指导孩子做瑜伽、冥想，还可以给孩子讲故事。

我们在体验中感受、理解和学习，正因如此，我们的生活经历才更加深刻、鲜活。

家长活动

活动1　记录感受

想一件不愉快的事，写下你此刻的感受（身体感觉、呼吸、颜色、气味等），然后再想一件愉快的事，同样记录下感受。

....

....

活动2　记录行为

回想一下孩子做出的那些令你难以忍受的行为及你对这些行为的反应。

行为描述 （何种行为、何时、何地、频率等）	
你一贯的反应	
反应的有效程度	
反应的改变	
改变反应后的有效程度	

活动 3　呼吸练习

你可以在情绪波动时尝试做呼吸练习（呼气 4 秒，吸气 4 秒，每次重复做 4 组）。如有需要，孩子也可以在正方形纸片的辅助下练习呼吸。

活动 4　记录感恩时刻

你可以每天晚上在笔记本上写（或者画）以下 3 个你心怀感恩的时刻：

- 和你的孩子相处时；
- 和你的伴侣相处时；
- 和自己相处时。

练习 14 天记录感恩时刻可以改善我们的身心健康，也会让我们更加乐观，提高抗挫折能力。

活动 5　记录不愉快的时刻

如果你有过心情不愉快的时候，你可以把它记录下来并思考以下 4 个问题。

（1）当时我的身体有什么感觉？

....

....

（2）我感受到了什么？写下你当时体验到的情绪。

....

....

（3）导火索是什么？

....

....

（4）我可以采取什么措施让自己感觉好一点？

....

....

活动 6　应对孩子的愤怒

面对孩子的愤怒，父母可以尝试做以下练习：

（1）保持冷静和沉默；

（2）花点时间深呼吸；

（3）如有必要，离开片刻。

然后试着改变你的观点，用冷静的语气只陈述事实，只谈论行为及其后果。例如，对孩子说："当你打妹妹时，你的动作会伤害她。你看，她在哭。"和他解释完以后就继续做其他事情。

孩子的愤怒 + 父母的愤怒 = 怒气冲天

孩子的愤怒 + 父母平和的情绪 = 怒火逐渐平息

儿童活动

学会成为情绪的主人

和情绪相关的词语如下表所示。

程度	喜	悲	怒	惧
强烈	狂热 激动 陶醉 惬意	绝望 颓丧 消沉 哀伤	暴怒 愤慨 恼怒 激愤	恐惧 恐慌 惊恐 害怕
中等	乐观 高兴 快活 愉快	受伤 苦恼 不悦 忧愁	懊恼 怨怒 生气 焦躁	忐忑 苦恼 焦虑 惊慌
较弱	满足 满意 欢欣 自在	失落 伤感 遗憾 失望	恼火 不耐 不悦 紧张	担心 怀疑 挂虑 不安

以"我"为主语表达情绪：

我觉得

我感觉 }　+ 情绪 = 我觉得很开心 / 我感觉很快乐 / 我感到很愉悦

我感到

你也可以用以下表达方法：

当 + 引起情绪的事件 + 我感觉（情绪）+ 我需要 / 想要（必要时可加上原因或结果）

例如：

- 当你不告而别时，我觉得很难过。我需要你抱抱我，因为这样会让我安心。

- 当你把我推到院子里时，我感到很愤怒，我希望你停止这种行为，因为我可能会受伤。

活动｜　情绪百宝箱

把所有给孩子带来愉悦的东西（毛绒玩偶、玩具、卡片、衣服、书等）都放在一个盒子里。你还可以把彩色纸片剪成不同的形状，在上面写下孩子的成就及他感到自豪或快乐的时刻，做成"静心泡泡"放入盒子里。比较大的物件可以放在箱子里。孩子在需要时就能打开盒子或箱子寻求安慰。

活动 2　情绪晴雨表

孩子可以根据自己的能力选择和父母一起或自己独立制作情绪晴雨表。形式不限，可以是卡片或星期表。晴雨表做好后，鼓励孩子说出自己的情绪状态，并在表上指出相应的区域。然后你可以对过去的情况进行回溯，并利用该表作为亲子沟通的工具。

- 绿色区域（晴）：孩子感到自在、无拘无束。

- 黄色区域（晴间多云）：孩子略感拘束，但尚且能配合家长。

- 橙色区域（雨）：孩子再也无法忍受外界所发生的事，身体处于紧绷状态。

- 红色区域（雷电）：到这个地步为时已晚，孩子已经忍无可忍，他需要发泄这种情绪。

小贴士：教孩子更好地想象呼吸

用弹力球或手展示呼吸的过程（手指互相接触，然后分开），以便孩子掌握呼吸要领。吸气时，如同向世界敞开胸怀，胸部隆起。呼气时，将注意力拉回到自身。

愤怒

愤怒就像火山喷发

"愤怒就像火山喷发"这个比喻可以帮助孩子意识到怒火喷涌前的情绪升腾过程。在情绪爆发前，大多数孩子一开始都处于沮丧、烦恼或不满的状态，而这通常都有预警信号。家长不妨花点时间：

- 观察孩子；
- 倾听孩子，以便更好地理解愤怒的缘由；
- 帮助孩子表达他的沮丧；
- 等孩子发泄完怒火后帮他恢复平静。

　　工具：出气抱枕、玩偶、解压球、情绪小屋。

　　建议：把毛茸茸的玩偶抱在怀里；怒火上涌时重复说"停下来，吸气，呼气"等平复心情的话语。

活动 3 感受愤怒：模拟火山

（1）双腿并拢站立，双手合十放在胸前。

（2）用鼻子深吸一口气，同时双手向上举。

（3）想象岩浆涌向火山口，最后到达火山顶部，也就是头顶上方。

（4）双腿分开跳跃，同时双手举过头顶，然后双脚并拢落地，双手回落到身体两侧。跳跃时用嘴呼气，呼出的气息尽可能长一些，让它听起来像火山喷发的声音。

建议：必要时可重复做多次。

悲伤

问孩子是否需要一个安抚的拥抱，或者想不想抱着玩偶。告诉孩子有这种情绪是很正常且自然的事。鼓励孩子说出内心的感受：

"你太难过了，是不是很想哭，感觉心被紧紧揪着？"

"我看得出你有心事，你想聊一聊吗？"

告诉孩子你理解他的处境，如果你遇到类似的事也会感到难过。尝试将话题重心放在如何解决问题上，不要囿于问题本身。

但孩子有时并不会表露悲伤的情绪，而是呈现出一种消极的态度。这时我们需要密切关注孩子的行为动向。

活动 4　感受悲伤：鲸鱼船

（1）坐在垫子或者其他舒适的物体上，闭上双眼。

（2）双手环抱自己，左右轻轻摇晃身体，静静地吸气、呼气（3 次）。

（3）想象一艘船。用这些问题来引导孩子的想象：这艘船是什么颜色的呢？天气怎么样？你闻到什么气味了吗？你听到什么声音了吗？

（4）把哪些东西放到船舱里会让你开心？太棒了！再次缓缓地吸气、呼气（2 次）。

（5）现在，你想把什么扔到海里？你想丢掉哪些让你伤心的东西？还是缓缓吸气、呼气（2 次）。

（6）看着它们随海浪渐渐漂远，慢慢从视线里消失。平静地呼吸，感受阳光洒在皮肤上，感受暖意流进身体，感觉自己像风一样轻盈。如果孩子低下了头，提醒他抬起头并试着看看船边游动的鱼。

用时：5 分钟或更长。

快乐

快乐是一种需要培养的情绪。享受当下，和孩子一起玩乐，通力合作；让孩子自由探索，和家人一起欢笑，尽情释放。快乐令我们备感活力。这种情绪来自我们与他人，以及我们与周遭环境建立起的紧密联结，它给人归属感，使人内心充盈。

活动 5　感受快乐：流星

（1）闭上双眼，想象自己——你的脚、腿、腹部、手臂和头——被星星包围。感受这股暖意将你包裹。

（2）用鼻子吸气的同时鼓起腹部，你可以把手放在腹部，感受它的扩张。

（3）屏住呼吸 2 秒，同时从左向右轻轻转动头部和手臂。想象你的头发和双手缀满了各色星辰，每次转头，星星便飞入浩瀚宇宙。

（4）现在用嘴缓缓地呼气，并将双手放在胸口处。

用时：3 分钟。

重复 1 次。

恐惧

恐惧分为 3 种：发育型恐惧、模仿型恐惧和习得型恐惧。

（1）发育型恐惧

"妈妈，把灯开着，我怕黑。"

对大多数孩子而言，他们认为想象和现实是一体的，怪物和女巫也是真实存在的。孩子在各个年龄段会有不同的恐惧，但这些恐惧会随着年龄的增长而消散。

（2）模仿型恐惧

孩子就像一块情绪海绵，会模仿父母的行为与态度。你面对昆虫时大惊失色的反应可能会导致你的孩子对昆虫也怀有同样的恐惧。这种情绪具有很强的传染性。也就是说，孩子会把你的恐惧当作他自己的恐惧。同样，我们必须注意不要向孩子传播自己的焦虑，如对他人的目光、分离、疾病、死亡的恐惧。

（3）习得型恐惧

"我害怕你大吼大叫。"
"我害怕动物，它们很坏。"

父母应学会倾听孩子所说的话并与之交流，了解孩子的恐惧从何而来。孩子的有些焦虑可能是由自卑或缺乏自信导致的。我们要鼓励、表扬孩子的努力，从而增强他的自信心，帮助他战胜恐惧。无论何种恐惧，我们都要陪孩子一起找到克服的办法。

如果孩子向你表达了自己的恐惧，而且你发现这些恐惧对他造成了不良影响，不妨让孩子做一做下面的活动。

活动 6 感受恐惧：冒险者铠甲

（1）闭上双眼，用鼻子缓缓吸气，用嘴呼气，将双手放在头顶，随后依次抚过眼睛、脸颊，交叉双臂时触摸肩膀，然后将手滑向腹部。

（2）想象一件美丽的铠甲，无论你将经历怎样的冒险，它都会一直保护着你。

（3）当你的手臂放回身体两侧时，用力用嘴呼气，想象你的气息将恐惧一扫而空，它们逐渐烟消云散。

活动 7 感受恐惧：魔法石

（1）慢慢闭上双眼。

（2）用鼻子缓缓吸气、呼气，然后把石头放在与你的恐惧齐平的高度。

（3）安静地呼吸，让自己感觉舒适。你的恐惧正在向石头靠拢。记住：石头会无条件地保护你。

（4）吸气、呼气，气息尽可能绵长。

（5）你的恐惧现在都进入这块魔法石里了。

（6）继续呼吸，当你感觉好些了之后就可以睁开双眼。

（7）你现在感觉怎么样？

（8）让孩子清洗石头，以清除恐惧。随后让孩子把石头放进他的小盒子里，需要时再把它拿出来。

　　建议：可以去公园或海滩上捡一块石头，也可以买一块漂亮的石头，让孩子在使用前冲洗一下。

厌恶

"呸！黄瓜真难吃！"

　　孩子对事物只表达喜恶。时间和家长的态度可以消除孩子的厌恶。如果孩子已经对某样东西产生厌恶，那么家长最好不要坚持己见，也不要强迫孩子吃，连勉强他尝一口都最好不要。

　　你只需要继续做这种食物，并且当着孩子的面品尝。告诉他你觉得这个东西很好吃。或许有一天好奇心会驱使孩子重新尝试它。

活动 8　感受厌恶：金氏味觉游戏

金氏游戏（Kim's Game）的灵感源于英国小说家、诗人约瑟夫·鲁德亚德·吉卜林（Joseph Rudyard Kipling）的作品，旨在培养敏锐的感官、观察能力、注意力和记忆力，具体分为视觉、味觉、嗅觉、触觉和听觉 5 种游戏，玩家必须闭上双眼，记住他们触摸过的物体才能获胜。游戏目标是尽可能快且准确地记住物体。

金氏味觉游戏旨在让孩子探索不同食材的味道、质地，或者同一种食材的不同形式（碎渣、液体、粉末、碎片），帮助孩子发现各种各样的味道（酸、甜、苦、咸）。

你可以根据孩子的年龄及他自己的意愿决定是否闭眼玩游戏，还可以加上食物图片、餐具等丰富游戏内容，便于孩子把食材和它们的味道联系起来。切食物时记得保留一个完整的食材，以便让孩子看到食物本身的样子。

还可以设置"果蔬捉迷藏"环节来增添游戏的趣味性。

- 挑 4～5 种水果或蔬菜藏在房间里。
- 让孩子寻找被藏起来的果蔬。
- 将找到的果蔬放入篮子里。
- 好好品尝一番。

食材举例：果蔬汁（胡萝卜汁、黄瓜汁、蔬菜汁等）、粉末（杏仁粉、椰子粉、盐、糖、胡椒、香辛料等）。

惊讶

　　当我们听到一声异响时，身体会颤动甚至会突然跳起来，这是受惊的表现。惊讶可能令人愉快，但也可能让人不悦。每个人都会用自己的方式对不寻常的情况做出反应。事实上，惊讶的状态是主观的，且因人而异，因为这与个人经历有关。因此，同样的事件对不同的人所产生的影响必定有所不同。此外，惊讶可以让人调整自己的行为并对突发状况采取最适当的反应。这是一种短暂的情绪状态。相较于其他的基本情绪，惊讶对我们的行为影响很小（只有几秒）。

　　我们要耐心倾听孩子的经历与感受，接纳孩子的情绪，将他的情绪用语言表达出来并予以重视。

自豪

　　"爸爸你看，我做到了！我爬了 1000 个台阶！"

　　"太棒了！你可以为自己刚刚取得的成就感到自豪。"

夸赞孩子很重要，你要让孩子知道你看到了他为完成目标所付出的努力、勇气和耐心。

活动9 感受自豪：袋鼠跳

让孩子扮演一只快乐、骄傲的小袋鼠（孩子也可以自己选择一种动物，如兔子、蚱蜢、跳蚤等）。家长数到3，孩子就朝天空举起双臂，努力跳到最高。这样做3～4次。

"干得好，小袋鼠，你可以为自己跳得这么高而自豪。"

对孩子说"你可以为自己感到骄傲"而不是"我为你感到骄傲"，让孩子做自己的主角，享受经历，感受成功。

嫉妒

"妈妈，你总是陪着妹妹……你还爱我吗？"

嫉妒是一种正常且自然的情感，孩子认为世界上的一切都应该围着他转。他们以自我为中心，很难理解他人的需求。嫉妒会让孩子产生难以控制的不安与不解。了解孩子的不安全感和嫉妒心的来源十分重要。孩子的嫉妒往往与恐惧有关：害怕不再被爱、害怕自己不那么优秀或者害怕与别人不同……家长的首要任务是安抚孩子，让孩子知道每位家庭成员都有自己的位置，父母对他的爱始终不变。

父母的爱不会一分再分，而是成倍增加。

活动 10　感受嫉妒：树袋熊抱

首先，画一颗代表父爱和母爱的心；其次，在这颗心里画上代表孩子本人的心；最后，再画一颗代表他兄弟姐妹的心。如果孩子能力允许的话，就让他自己画这些爱心，这有时能反映孩子对自己家庭地位的认识。

这项活动旨在向孩子表明父母的爱会成倍增加，并且父母的内心有足够的空间容纳每一个孩子。

然后，你可以给孩子一个钟表，或者和他描述一天的进程，这样他就可以直观地感受到随太阳升落而流逝的时间。之后要跟孩子解释，除了和他的二人时光，你还得把这段时间分配给家里的其他人。

最后，让孩子像小树袋熊那样投入你的怀抱，与你腹部相贴，你将他完全搂入怀中。缓缓地呼吸，只要你们双方愿意，可以一直保持这样的状态。你还可以在这个温馨、舒适的时刻唱唱歌。

如果孩子不喜欢直接接触，那么你可以拿两个泡沫球给他做背部按摩：先在腰部画一颗小爱心，然后在背部中间画一颗中等大小的爱心，最后沿着孩子的身体（从骶骨开始，沿背椎上至肩膀，再沿肋骨往下）画一颗大大的爱心。

建议：上述动作根据孩子的意愿做 3 ~ 4 次。

失望

"我拼不好，这副拼图烂透了！"

"让我看看，你已经拼完一半了呀，太棒了！你看这是什么？是不是恐龙的头呢？"

"妈妈，我找到了另一块拼图。"

跌倒后重新站起来，这是成长的一部分。作为父母，我们要陪伴在孩子身边，引导他们挖掘自己的潜能。

活动 11　感受失望：小蜗牛

- 倾听孩子，了解他失望的缘由。
- 替孩子表达他的内心感受，如"我看得出你很失望"。
- 以提问的方式和孩子一起讨论他的所思所感。
- 引导孩子换个角度看问题，让他自己找到新的解决办法。
- 告诉孩子"失败是成功之母"，而且谁都会犯错，大人也不例外。
- 呼吸 3 次。

小故事

你知道小蜗牛阿宝的故事吗？阿宝从小和父母生活在一片美丽的草地上，家附近有一个苹果园。阿宝一直梦想去旅行，看看外面的世界。可他的爸爸、妈妈却很喜欢自己生活的地方，不理解阿宝为什么如此渴望探险。终于有一天，阿宝下定决心去探险了。于是他收拾好行李，和爸爸、妈妈亲吻道别后便踏上了旅程。遗憾的是，阿宝走了一个月，不管他多努力赶路，还是没走出这片大草地。他既伤心又失望。想到自己可能永远也走不出这片草地了，眼泪便不由自主地涌了上来，于是他闭上了眼睛。就在这时，起风了，轻柔的风拂过他的脸颊，犹如爸爸、妈妈温暖的爱抚。阿宝深吸一口气，仔细环顾四周，发现身边有一根树枝。他攀着树枝往前走，用了好几个小时才到达第一根树枝的最高处。站在树枝上，阿宝看到了一个全新的世界，他甚至还看到了自己的家，从这根树枝看过去，它显得那么渺小。自己来时走过的路线也一目了然。此时的阿宝内心平静了许多。

突然，一阵狂风袭来，吹断了阿宝身下的树枝，他掉进了一条河里。阿宝大声呼救，却无人回应。阿宝费了很大的力气才爬上那根小树枝。

精疲力竭的他很快就昏睡了过去。醒来时，他发现周围全是水，不是河水，而是汪洋大海。阿宝就这样漂泊了一段时间，时不时与鸟儿、路过的鱼群和海龟聊聊天。夜晚，阿宝仰头欣赏闪烁的繁星。吃饭是个大难题，有好几次，为了尝到鲜美多汁的海藻，阿宝不得不施展捕捞技能。他凭借自己的勇气、毅力和创造力制作了一张漂亮的渔网。

很久之后，阿宝终于漂到了他家所在的草地沿岸，看到守候在岸边的父母，阿宝感到有些意外，毕竟他们以前从不敢离开家。一番嘘寒问暖之后，阿宝将旅行中的见闻与父母一一道来。

阿宝向父母证明了自己可以凭借顽强的意志力和耐心，通过与他人沟通，排除万难，圆满完成一次精彩的探险之旅。

失望是人生经历的一部分，它让我们学习并成长。

失望不是终点，而是沿途的驿站。

爱要通过言行展现出来，我们所说的话，尤其是我们的行为，是孩子感受爱意的依据。因此，我们需要每天抽出时间全心陪伴孩子，告诉孩子我们爱他或者把他抱在怀里。关注和分享会让亲子间的爱更加稳固，有助于培养孩子的自尊心。

例如，留出时间和孩子一起玩游戏、看书、聊天，创造与孩子相处的专属时光。

活动 12 感受爱：甜蜜盒子

"我爱我自己，我爱……"

和孩子一起制作甜蜜盒子：准备一个玻璃罐、一些装饰物（如小贴纸）及彩色或白色的画纸；在纸上绘制一些图案（如爱心），并写上甜蜜的或有趣的词语或短句，或者列出一些行动，例如：

- 我爱你真实的样子；
- 我会永远陪在你身边；
- 我喜欢看你笑、看你开心的模样；
- 你可以犯错；
- 你可以表达自己的情绪；
- 你想要一个拥抱吗？

实践活动

活动 13　享受慢时光

户外活动

（1）让孩子面朝太阳，闭上双眼，感受阳光的温暖。

（2）在散步或去公园时唤醒孩子的感官，如闻闻花香、触摸物体、倾听和辨别街上的声音、看看星星或云彩等。

（3）观察鸟类和昆虫。望远镜是孩子端详大自然的得力助手。

（4）去户外散步，感受风和雨抚过肌肤与头发。

（5）冬天时，让孩子哈口气，这样他就能看到自己呼出的气体了。

第二部分

改变沟通方式，
建立和谐的亲子关系

语言可以是一扇窗，也可以是一堵墙；可以将我们困住，也可以让我们解脱。父母要想和孩子更好地交流，就需要以清晰、积极且充满关爱的方式沟通。

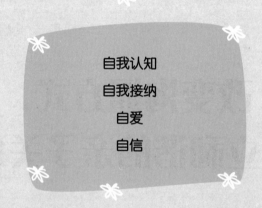

自我认知

自我接纳

自爱

自信

孩子会通过观察父母的行为、语言及态度形成自我认知，并通常按照自己认为正确的方式行事。科学家将这一现象归结为镜像神经元的作用。

> 如果有个人在你面前打哈欠，你很有可能也会跟着打哈欠。研究表明，如果这个人是你的亲人，那么你跟着打哈欠的可能性更大。
>
> 同样，当你看到别人哭泣时，镜像神经元也会被激活，让你感受到悲伤。看到别人微笑或大笑时亦是如此。

当我们目睹了某个情景，或者更准确地说某种行为时，该情景（行为）随即会印入我们的大脑，并激活其中控制视觉和行为的区域。这一机制对儿童尚未发育成熟的大脑影响深远。因此，我们也就不难理解，为什么不停的争吵和粗暴的场景（包括影视剧里的场景）会对儿童的健康成长造成危害。

从出生那一刻起，孩子就开始通过模仿父母的表情、语言及动作和父母沟通、交流。事实上，孩子使用的是父母的语言。这就是为什么孩子喜欢角色扮演，喜欢模仿爸爸、妈妈做事，他想要重新演绎自己的经历和日常生活。在镜像神经元的作用下，孩子逐渐理解并融入周围的环境。他一直在学习。

镜像神经元为孩子提供了一种有趣的、潜移默化的学习方式，他们只需要观察和模仿大人即可。我们要允许孩子"不完美"。孩子的情绪有时是父母情绪的写照。温暖的拥抱、温柔的话语、真诚的关怀，以及亲和的举动都是可以传递和习得的，所以我们要充分地使用它们！

当我们因与他人情投意合、同频共振、共享当下一刻而备感惬意时，从生物学角度来说，此刻我们的镜像神经元尤为活跃。

——卡特琳·盖冈

培养孩子的安全依恋

孩子从出生起就需要与父母建立联系。孩子初期的依恋行为一方面是出于某种特殊需要，另一方面是为了和他的依恋对象（父母）进行交流。在日常交流中，父母逐渐与孩子建立起深层次的情感纽带。英国心理学家约翰·鲍尔比（John Bowlby）和美国心理学家哈里·哈洛（Harry Harlow）通过研究证明，早期良好的亲子互动有助于培养高质量的依恋关系。

孩子在成长过程中与外界的互动将对他的未来产生深远的影响。孩子需要父母满足其需求，也需要父母的陪伴。对年幼的孩子来说，与父母身体和眼神的接触及情感的交流不可或缺，因为这可以帮助孩子更好地应对沮丧、痛苦、恐惧、冲动等情绪。

需求未被满足　▶　情感失衡　▶　叫喊、愤怒、哭泣、自我封闭

事实上，拥抱、爱抚等肢体接触有利于孩子自主能力的发展。然而，倘若孩子的需求得不到回应或者很少被满足，那么他有可能会对照料者失去信任。我们都知道对于 6 月龄以下的婴儿，如果父母可以温柔地（轻声、爱抚）回应他们的哭泣，他们便

能减少情绪波动，以后也哭闹得更少。

同样，孩子脱离依恋关系的前提是拥有安全的依恋关系。只有这样，他们才可以安心地离开自己的港湾（父母），满怀信心地探索世界、体验生活，因为他们知道自己可以随时回到父母身边。高质量的亲子关系有利于孩子与他人交往、提升自尊。

孩子可以从父母对自己的重视中感到被理解和被爱，因为他知道父母接纳自己真实的样子，包括他的一切优点与缺点。

即使是最优秀的婴儿也无法独自消化恐惧、忧伤、愤怒等情绪。

——尼科尔·盖德内（Nicole Guédeney），法国儿童精神病学家

良性亲子关系的养成需要父母与孩子有共处和分享的时光。亲子相处的关键不在于时间的长度，而在于相处的质量。陪伴孩子时，要避免受到任何干扰，如打电话、看电视等。最重要的是谨记，父母与孩子之间的依恋关系需要用心维系。此外，父母要为孩子创造可以满足他情感需要和自主探索的环境。与此同时，父母还要在孩子需要时随时提供帮助。

我在上文中提到，自信是需要从小培养的，我们可以通过以下方式培养孩子的自信心：

- 适当满足他的需求；
- 表明他对我们来说很重要；
- 相信他的所作所为和他的能力；
- 信守承诺；
- 尊重他。

孩子是通过家长来塑造和滋养自己的。当亲子间的依恋储备不足时，孩子就会出现所谓的"问题行为"，如攻击、撒谎、持续的不满等。虽然家长在处理这些行为时会感到很棘手，但它们提供了一个重要的信号，即提醒家长，孩子的依恋储备已空，孩子对关注、爱和安全的需求没有得到充分的满足。

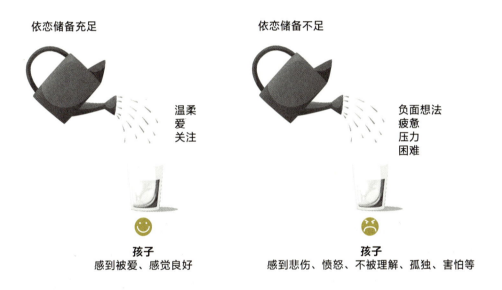

依恋储备充足

温柔
爱
关注

孩子
感到被爱、感觉良好

依恋储备不足

负面想法
疲惫
压力
困难

孩子
感到悲伤、愤怒、不被理解、孤独、害怕等

依恋是一种终生存在的、渴望得到某些亲人的倾听、理解和支持的本能。

——约翰·鲍尔比

我们被爱是因为我们本身的样子。对孩子来说，自信建立在三大支柱上：

- 对他人的信任；
- 对自身能力的信心；
- 对生活的信心。

孩子身处集体中时，他的个人需求会减弱，从而为团队合作让步。孩子只有融入他人、获得集体归属感才能茁壮成长。

以清晰、积极且有爱的方式沟通

孩子自出生起就能有意识地观察身边的环境。为了让孩子能够与父母产生互动，父母需要陪伴在孩子身边、和他共度亲子时光。父母的声音、动作和眼神都是与孩子沟通的一部分。对于幼儿，尤其是语前期（0～1岁）儿童，父母在与其交流时最好加上手势，将日常生活中的一些词语通过手势表达出来，孩子也能以此表达他们的情绪、需求和愿望。

强化亲子关系		减少挫败感
传授一种表达方式		丰富孩子的词汇量
激发孩子的自主性	拥抱	增强孩子的自信心

让孩子双手握拳，双臂交叠放于胸前，从右向左轻轻摇晃他

资料来源：Signer avec son bébé, Sophie d'Olce, First edition, 2019.

然而沟通并非易事。心理学家托马斯·戈登（Thomas Gordon）指出了以下 6 种妨碍沟通的说话方式。

（1）**命令、支配**

"你必须……" "给我做……" "不准这样做！"

这种沟通方式会使对方抱持屈服或逆反的态度，进而引发反抗行为，甚至会激发其敌意，待将来某个特定时机易爆发。

（2）**威胁、恐吓**

"你最好给我做……，否则……" "你要是还……，我就……"

在这种沟通方式下，父母与孩子往往会建立起一种权力关系，换来的只有屈服与畏惧。

（3）**说教、训诫**

"你应该……" "你不该……" "都怪你，要是……"

这种沟通方式意在强化对方的内疚感，会使其丧失信心、畏缩不前，或导致对方想要为自己辩白，抑或将"过错"归咎于他人。

（4）**评判、批评**

"你就是这么……" "你缺乏……" "你都这么大了，应该更懂事才对。"

一般来说，对方要么认同你的批评并自我反省，要么予以反击。

（5）**羞辱、嘲笑**

"对对对，当然，就是这样。" "你太可笑了！"

这些话语会打击对方的自尊心，使其产生被否定及被误解的感觉，从而有可能导致对方做出具有攻击性的行为。

（6）逃避、轻视

"说点别的吧……" "我不想再听你说了。"

这种说话方式其实是在告诉对方不要解决问题、不要袒露心扉，这样做会导致对方对这段关系失去信任。另外，这还向对方释放出一种信号：你的担忧无关紧要，甚至不值一提。

父母要想和孩子更好地交流，就需要以清晰、积极且充满关爱的方式沟通。

最重要的是倾听孩子想表达的内容，理解其流露的情感背后所隐藏的东西。

美国心理学家马歇尔·卢森堡（Marshall Rosenberg）提倡的非暴力沟通展现了这种交流方式对儿童发展的积极影响，这一点也得到了情感科学和社会科学的证实。

非暴力沟通让我们能够在满足自身需求的同时通过有意识地表达情绪来对自己的情绪负责。它还可以增强我们对自身及他人的同理心，从而建立一种平衡的关系。此外，非暴力沟通能够增强孩子的自信心，培养孩子在不攻击他人的前提下肯定自我的能力。因此，这种方法是促进积极沟通和正面教育的有效工具。

马歇尔·卢森堡在该方法中重点谈到了两种类型的语言。

第一种语言（以长颈鹿为象征）是发自内心的语言，有利于实现建设性的交流和双方的共情，分为 4 个阶段：

（1）**观察**（O）：不加评判地描述情况；

（2）**感受**（F）：以第一人称表达在这种情况下的感受和行为；

（3）**需求**（N）：明确地表达需求；

（4）**请求**（R）：正面提出可行、具体且准确的请求。

第二种语言（以豺狼为象征）则与第一种截然相反，主要表现为指责、贬低、操控等。这种语言会破坏关系、激化矛盾，不利于解决问题。

制定规则的 4 个要点

父母在和孩子交谈时，所传达的信息必须：

- 清晰、准确且客观；
- 有意义且可以被孩子理解；
- 给孩子沉默和思考的时间来消化父母所说的内容。

孩子逐渐学会开动脑筋以便更好地领会父母对他的期望。父母花越多的时间与孩子交流，他就越能理解规则及行为规范的含义。这将给予孩子一定程度的安全感。

幼儿的大脑仍在发育中，因此无法完全遵守指令，特别是在他玩耍时。这种在短期内捕获和储存信息的能力被称为"工作记忆"。它可以让孩子记住自己把玩具放在了哪里，或者记住更加复杂的游戏规则。通常情况下，4 岁以下的儿童能够记住 1 ~ 2 条非常简单的指令。这就是为什么父母必须对孩子重复发出指令。为了避免过多地发出重复的指令，父母可以根据情况使用一些工具，例如，给孩子展示表现从早到晚全天进程的图片，以及决定活动用时的沙漏。

这种方式可以让孩子知晓自己当前所处的时间、区分一天中的不同时段，就算他不会读钟表也无妨。

孩子同时记住多条信息的能力会随着年龄的增长而变强。

制定有效的规则需要牢记 4 个要点

稳定：父母不得随意更改规则，但应根据孩子的能力和年龄进行调整。

耐心：经常向孩子重复既定规则。

合理：指令要有意义（如提示危险、对标社会生活规则等）

正面：避免使用否定句，以便让孩子更好地理解父母的要求和期待。

制定稳定的规则有利于增进亲子关系，也会为孩子创造具有安全感的环境。当然，规则会随着孩子的年龄、实际情况和行为的变化而发生改变。

以下是促进亲子沟通的一些要素。

- 观察孩子的态度，以便更好地倾听并回应他的"情绪风暴"背后的需求。父母与孩子交谈时要注意自己的行为、语气和说话方式。
- 控制自己的情绪，以便清楚地区分孩子的情绪和大人的情绪。
- 用"为什么"提问，而不是"怎么会"。事实上，当父母说"你怎么会这么做"时，会让孩子还没开口解释就觉得自己已经犯错了。

- 复述孩子所说的话，不要添加自己的阐释与判断。可以说"如果我没理解错的话……"，然后加上孩子自己说过的话。使用准确的词语会避免很多误会。

向孩子解释你生气的原因，不要只说"我很生气"，这样的表达过于宽泛，没有重点，无法让孩子明白你希望他做什么。以下是正确示例。

"我很生气，因为满地都是你的水彩笔。"

你知道吗？

童书是极佳的沟通工具，可以帮助父母和孩子共同探讨各种话题：

- 情绪；
- 死亡；
- 父母分居；
- 个体差异；
- 弟弟、妹妹的出生；
- 卫生；
- 开学返校。

阅读可以丰富孩子的词汇量，还可以让孩子用语言表达自己的感受、恐惧和经历。此外，有研究表明，阅读 5 分钟可以减少 68% 的压力。因而阅读有利于：

- 孩子酝酿睡意；
- 父母与孩子共享放松时光；
- 激发孩子的想象力；
- 父母与孩子交流想法；

> • 父母为孩子答疑解惑。
>
> 我们可以利用这项寓教于乐的工具与孩子充分交流，深入了解他的感受和思维方式。

以下是我给父母提供的 5 条建议。

（1）父母最好通过开放式的问题向孩子提问，以便更好地了解孩子的情况，帮助孩子厘清自己的想法。例如，这样提问："是什么让你这么说（这么想）的呢？"

（2）父母要避免使用"总是""从不"这些词语将情况一概而论。例如，对孩子说"你从不整理自己的房间"肯定是错误的，这样就否定了孩子曾经整理房间的行为。

（3）父母应立即给出反馈，不要等事后再去回顾孩子已经理解的既定规则。

（4）父母应设身处地为孩子着想，必要时为你的疏忽向他道歉。

（5）父母尤其要对自己有信心，你比任何人都更了解自己的孩子。你了解孩子的肢体动作和行为，也知道以什么样的方式回应他最合适。

语言可以是一扇窗，也可以是一堵墙；可以将我们困住，也可以让我们解脱……你能帮助我感受到自由吗？如果我看上去好像在贬低你，如果你认为我对你漠不关心，请试着倾听语言之外我们的共同感受。

——鲁恩·贝本梅尔（Ruth Bebermeyer）

积极倾听的 5 个要素

积极倾听是一种沟通技巧，其两个基本要素——提问和重新表述——可以让我们较好地理解所接收的信息，并且能够将其转述。该技巧由非指导性技术的先驱、美国心理学家卡尔·罗杰斯（Karl Rogers）创造。

罗杰斯认为，情境中的情感内容极其重要，其关注的是心灵和感性层面而非理性层面。此外，倾听者应当采取理解和真诚的态度，不对说话者表述的内容加以评判和阐释。

积极倾听的 5 个要素如下。

（1）**关注对方**。当对方向我们倾诉时，我们应该关注对方，而不是将注意力放在自己身上，不应一味地表达自己的观点或谈论自身。

（2）**接纳对方**。向对方表现出足够的兴趣，用这种方式接纳对方本来的样子。

（3）**以对方的经历为中心**。向对方保持开放态度，理解对方的观点，站在他的角度看问题。

（4）**尊重对方**。尊重对方对事物的看法和他的生活方式，不要越界，也不要想当然地揣测对方的想法。信任是交流的前提。

（5）**做一面镜子**。在不添加个人阐释的基础上肯定对方的感受，复述他所说的话。

人本身就具备自我理解，改变自身观念、态度和行为方式的能力。只要环境允许，我们便能发挥自己的潜在能力。

——卡尔·罗杰斯

为了帮助孩子表达自我及更好地组织自己的想法，你可以用开放式的问题向他提问：

- 你需要什么？
- 你最……的是什么？
- 你最担心／希望什么？
- 你是怎样理解或经历那种情况的？

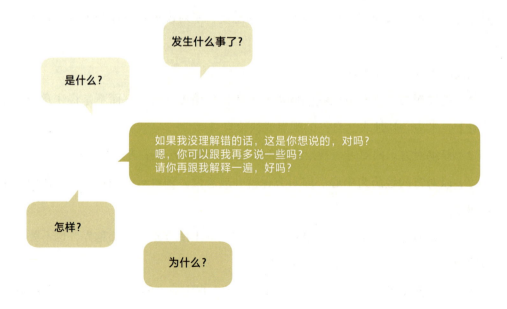

专注于当下

正念是指把注意力集中于当下，关注自身与周围环境，可以通过以下两种方式实现。

（1）**正式练习**：进行专门的正念训练。

（2）**非正式练习**：在日常生活中专注于当下的每一个瞬间。

在正念练习的过程中，我们的注意力要回归到自身，专注于：

- 自身感受；
- 周围环境；
- 当下时刻。

正念练习旨在任由我们的思绪自由流淌。练习时，我们应将注意力放在当下的体验上。

- 自身感受：关注内心感受，从思想、情绪、身体感觉及印象四个方面发掘我们的内心世界。
- 周围环境：调动身体的所有感官去感受周围环境。

我们也可以将注意力集中在呼吸上来提高自己对当下的专注力。

保持开放的心态

开放的心态意味着不评判自身的经历，对正在发生的事不进行解读、分析或改变，坦然接纳此时此地发生的一切。我们只需要做一个亲和、开放、客观的观察者，这样才能完全专注于当下的体验。当下的情况或许令人不悦，这很正常。体验当下的感觉，不要分析它，任由思绪流淌，将注意力集中在呼吸上来帮助自己沉浸于此刻的感受。

主动引导注意力

我们要有意识地引导自己的注意力，对当下和周围发生的一切及自己内心的感受保持觉知。体验当下的同时要与之保持距离，不要让自己被情绪和需求所左右。我们要主动将所有注意力集中于当下。

正念练习对孩子有以下几个好处：

- 更好地了解自己；

- 无条件地爱自己；

- 与自己的内心世界和解，接纳自己所有的情绪和想法；

- 关注自己的情绪和身体，兼顾内心与外界；

- 感受身体的感觉（如精力充沛、紧张等）；

- 提升专注力；

- 恢复平和的状态；

- 激发想象力和创造力。

关于积极教养的 4 个误区

误区 1：积极教养就是无条件满足孩子的各种需求

相关社会学研究表明，对孩子采取明智型（也称权威型）教养方式的父母不仅善于倾听，也会给孩子制定规则。相反，采取放任型教养方式的父母很少或从不给孩子立规矩，他们往往仅满足孩子的欲望，并不关注他们的需求。

所谓规则，是涉及身体、情感、智力、道德、社交和环境等层面的行为规范，由一系列的规则组成。规则应当具体、明晰，采用肯定句表述，以帮助孩子更好地了解父母的行为逻辑及他们的期待。这些规则还应根据孩子的年龄和

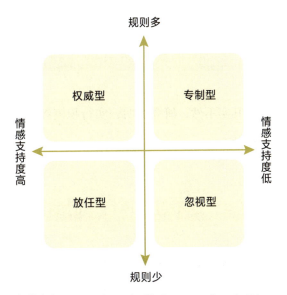

资料来源：*Psychologie du développement humain,* Diane E. Papalia, Ruth D. Feldman, Chenelière Éducation, 2014.

实际情况灵活地调整与改进。出现例外情况时，父母要向孩子解释清楚。总之，父母要把握好平衡，制定一套适合自己家庭的规则。

误区 2：积极教养与环境无关

情感、社会神经科学及教育心理学的研究一致表明，在关怀、共情、温和的教养方式下长大的孩子，成年后大脑中分泌的催产素水平更高，更有可能成为共情能力和适应能力俱佳且待人亲和的人。相反，在充满恐惧和（或）暴力的环境下长大的孩子更有可能具有攻击性、缺乏同理心且适应能力较差。

误区 3：积极教养方式使父母过度疲劳

其实不然，研究表明，实行积极教养的父母在亲子关系和个人价值观上的体验整体良好。

误区 4：这不过是风行一时的育儿理念

积极教养是近年来神经科学、发展心理学、社会心理学、人类学、社会学等领域通过大量研究论证得出的成果。

养育锦囊

- 不必追求成为完美的父母。所有父母都不完美，而"不完美"并不等于"不称职"。

- 在日常生活中尽量多鼓励孩子。

- 注意你的思想、语言及你对孩子的看法。

- 要对孩子和自己充满信心。

- 给孩子足够的时间消化自己的经历。

- 创造高质量的亲子时光。

- 享受当下。

- 坦然接受孩子和自己犯的错误。

- 先照顾好自己，这样才能照顾好孩子。

- 给自己的精神松绑，不要在意他人的眼光，不要被你接受的教育观念和成长背景所左右。

回应孩子的需求

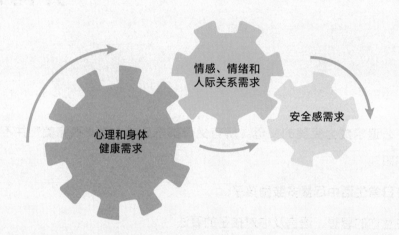

情感、情绪和人际关系需求

安全感需求

心理和身体健康需求

积极回应孩子的需求有利于他：

◗ 形成自我身份认同；

◗ 培养自尊心；

◗ 了解自己的成长环境；

◗ 体验和探索世界。

爱对孩子的成长固然关键，但情感层面的安全感更是个体发展的基础。

——安妮·雷诺（Anne Raynaud），精神科医生，

法国亲子关系研究所（Institut de la Parentalité）创始人

实 践 活 动

培养和睦的亲子关系

实践活动说明

实践活动分为"家长活动"与"儿童活动"。

- ⇒ **家长活动**：专为家长设计。家长可以通过这些活动加深对理论的理解。

- ⇒ **儿童活动**：家长既可以陪孩子一起做手工、玩游戏，也可以指导孩子做瑜伽、冥想，还可以给孩子讲故事。

我们在体验中感受、理解和学习，正因如此，我们的生活经历才更加深刻、鲜活。

家长活动

活动 | 不加评判地观察

观察右边这张图片，记录下你所看到的内容。

....

....

....

....

....

....

你的回答只是描绘你所看到的，还是加以解读或评判图片？

- "一个看起来像迷了路的男孩，穿着 T 恤和短裤，站在花园中。"
- "一个看上去有点悲伤的男孩，穿着 T 恤和短裤，站在丛林里。"
- "一个看起来像在等人的男孩，穿着 T 恤和短裤，站在公园里。"

不加解读的描述：

- "一个头戴鸭舌帽、身穿 T 恤和短裤的男孩站在……，地面上散落着树叶，他的右边有一些植物。"

我们在观察时所使用的一些词汇其实带有评判的意味，例如：

- 使用带有评判色彩的动词 / 系动词：似乎、看起来……
- 使用副词：经常、无缘无故地、非常……
- 使用形容行为能力的词语：好的、坏的……

通过这个活动，你会意识到只观察事物而不加评判和解读是多么困难的一件事！

活动 2　给感受命名

分析你目前的感受，把它写下来，如高兴、沮丧、惊吓、惊叹、恼火、担忧、愉快、不知所措、挫败、被排斥、感激……

我们的感受取决于我们如何看待他人的行为和言语。

——马歇尔·卢森堡，美国心理学家

活动 3 描述需求

如果你已经明确了自己的感受，现在描述一下你的需求。

我感到 ＿＿＿＿＿＿＿＿＿＿＿＿，因为我需要 ＿＿＿＿＿＿＿＿＿＿＿＿。

我感到 ＿＿＿＿＿＿＿＿＿＿＿＿，因为我希望 ＿＿＿＿＿＿＿＿＿＿＿＿。

＿＿＿

＿＿＿

活动 4 表达需求

提出你的需求，以清楚、准确、具体的方式表达出来，让对方听到、知晓你的需求，也许他会对此做出回应。

活动 5 情绪冰山

观察孩子的一举一动，尝试找出背后的原因。

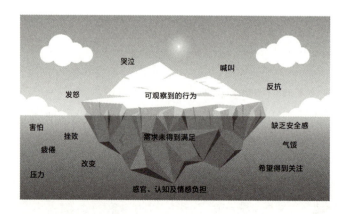

儿童活动

阴影与阳光

每个人都有阴暗面和阳光面，二者密不可分。在每个阴暗的角落，总有一束光守护在那里。阴暗与阳光同时栖居在我们内心深处，成为它们的主人才能实现高度的自洽。

活动丨 个体：皮影戏

（1）选择一处白色背景，如墙面或白布。

（2）在纸板上画出你想要展示的物体的轮廓（如松树、兔子、人物等），或者选择更简单的做法——打印现成的图案作为模板。

（3）沿着轮廓将图案剪下来，用胶水或胶带固定到木棍或铅笔上。没有固定物也可以。

（4）关掉所有灯光，打开投影光源（如手电筒）。

（5）在光源和投射屏幕之间用木棍操控图案，也可以用木偶或手。

（6）让孩子自己摆弄这些图案或设想一些情节。

（7）除了皮影戏，还可以让孩子在阳光下摆动自己的身体，和自己的影子玩耍。

根基

生命如同树木，需要有自己的土壤才能茁壮成长，足够深且牢固的情感根基可以支撑孩子去大胆探索、冒险、发现周围的一切，因为孩子的情感基础是稳定的、令人安心的、充满爱意的且可靠的。

活动 2　根基：像树一样生长

（1）让孩子缓缓地呼吸，想象自己是一棵树。吸气，屏住呼吸 3 秒，同时尽可能伸展自己的身体（双脚紧贴地面，双手伸向天空）。慢慢呼气，数 3 秒，同时放松双臂。重复 3 次。接下来，问孩子以下 4 个问题。

· 告诉我你此刻看到的 4 种东西。

- 告诉我你此刻听到的 3 种声音。太棒了，你已经会分辨声音了！
- 告诉我你此刻闻到的 2 种气味。
- 告诉我你此刻感受到的和你肌肤有接触的 1 种东西。

（2）让孩子像晃动树枝一样晃动自己的双臂，保持均匀的呼吸，呼气时模仿风的声音。

共生

共生关系是指我们与他人、周围环境，以及与大自然之间建立的紧密联系。在一切联系中，言语之外的交流尤为重要，你要去倾听自己和孩子的感觉和感知。

冥想、呼吸和短暂休息都可以促进共生关系。

活动 3　共生：毛毛虫的蜕变

（1）和孩子面对面，用这则小故事引导孩子："看到这只毛毛虫（用食指代表毛毛虫）了吗？我把它放到我的手心里，这里还有另外一只，我可以把它放到你的手上吗？"你可以活动一下食指让毛毛虫更加形象！

（2）让你的双手像茧一样保护毛毛虫（双手可以合住），让它靠近你的心脏。安静地呼吸，你感觉到自己的心跳了吗？闭上双眼仔细听。慢慢分开双手，轻轻摩挲一下自己的胸口，舒缓地呼吸。

（3）优雅地向上伸展双臂（吸气），随后将双臂像蝴蝶翅膀一样收回到身体两侧（呼气）。以站姿或坐姿重复该动作5次。

（4）"多亏了你，蝴蝶终于展开了翅膀。"张开你的手掌，朝手的上方吹一口气，现在蝴蝶飞起来了！

建议：和孩子同步做以上动作。

家庭

无论你的家庭关系如何，其中总有你不愿割舍的依恋关系，你要做的是维系好这些关系，珍惜它们，努力经营。

父母正如航空母舰，孩子在需要时可以随时回到舰上休养。在家庭里，每个人都可以做最真实的自己，互相给予爱，心理、身体、情感及情绪上的安全感、关怀与关注，彼此倾听和分享。

活动 4 家庭：猜谜游戏

全家人一起选择一个游戏主题，如动物、交通工具、自然元素或物件（器皿、玩具等）。所有人都要参与进来。然后准备一些便签写上谜底，针对幼儿可以使用实物或图片。游戏规则是在规定时间内找出尽可能多的相关元素。每个人有 1 分钟的时间，游戏共 3 轮。

例如，你可以模仿动物的声音，让其他人猜是哪种动物。所有人都猜完后，你可以继续模仿动物的动作，最后用 3 个词语描述该动物。

建议：你还可以通过绘画或捏橡皮泥猜主题的形式开展游戏。

平衡

保持平衡指的是尊重自己内在的生态系统，做到身心合一。只有这样，你才能投入真正热爱的事物中，从而保持心情舒畅。你的身心将促使你追寻这种平衡的自然状态。所以，请好好倾听自己身体和心灵的声音！

活动 5　平衡：小小瑜伽舞

（1）挺直、伸展身体（双脚踩地，头向上伸展），呼吸。

（2）注视前方某个固定点。

（3）将身体重心转移到一只脚上。

（4）抬起另一只脚，转向侧面，再将这只脚向后贴近臀部。

（5）用一只手抓住脚踝或脚背。

（6）轻轻将脚向上抬起。

（7）用另一只手臂来维持身体的平衡。

（8）保持这个姿势 10 ~ 30 秒，再慢慢放下脚。

（9）换另一只脚重复同样的动作。

建议：和孩子一起赤脚完成这个瑜伽动作，可以配上舒缓的音乐。根据自身需要可重复多次。

身体

每个人的身体都是独一无二的，需要我们精心呵护。身体既是我们的"保护壳"，又是我们与外界环境之间的"传感器"。绘画、舞蹈或按摩都可以帮助孩子加深对身体各部位的理解。在这些活动中，告诉孩子每个部位的名字，便于他们将你所说的名称与他自己的身体部位联系起来。

活动 6　身体：魔法喷泉

（1）在床垫上铺一块毯子，让孩子坐立或平躺在上面，确保他保持舒适的姿势。孩子在活动过程中可以活动身体。

（2）环顾四周，随后闭上双眼或者注视头顶上方的某个点。

（3）深吸一口气，数了个数，让腹部像气球一样鼓起，然后缓慢地吐气，再数 3 个数。慢慢回到正常的呼吸节奏。吸气、呼气…… 感受身体与床垫的接触，感受你的头、肩膀、手臂、手、背部、大腿、小腿、脚跟。聆听自己自然的呼吸，每次呼吸时感受身体沉入床垫，感受身体越来越放松。

（4）现在，想象一股泉水从魔法喷泉中涌出，那样柔和、轻盈。你也可以赋予泉水一种颜色。想象这股泉水缓缓流过你的头顶、头发，带走你头顶的紧张感。泉水又轻抚你的额头，让额头变得光滑。你的眼皮越来越沉重，像帘幕一样合上，眼睛得以休息。随后你两侧的鼻翼也放松下来，空气轻柔地在鼻孔中穿梭。泉水继续流淌，轻轻滑过你的脸颊和嘴唇，你的下颌也得到了放松。

（5）然后花一点时间感受一下自己的身体，有什么感觉？刺痛、暖意，还是其他感觉？或者什么感觉也没有？

（6）接着想象这股泉水顺着你的脖子和肩膀流下来，让肩颈变得更加放松。水流继续沿着你的手臂向下流，慢慢淌过手肘、手腕、手掌及每一根手指。感受你的手臂逐渐变得像云朵一样柔软。现在，你能感觉到自己的肩颈和手臂得到放松了吗？泉水继续流过你的背部，让背部慢慢放松下来。此时想象你的身体深深陷入床垫，就像陷进了沙滩一样。

　　建议：留心身体的所有感觉。

　　（7）现在这股泉水流淌到了你的胸部，感受你的胸部轻轻隆起。水流又来到了你的腹部，感受你的腹部在每一次呼吸中的起伏。仔细听像小鼓一样回响的心跳声。接着泉水流到了你的腿上，经过你的大腿、膝盖、小腿、脚踝、脚掌，最后来到你的脚趾尖。你会感受到双腿变得更加轻盈。现在你有什么感觉吗？想象泉水从头到脚流过你的全身。

　　（8）感受体内的所有感觉，是更沉重了还是更轻松了？更柔软了吗？更温暖了吗？保持平静的呼吸，感受被泉水包裹带来的安心。请记住这股泉水的魔力。在你需要时随时使用它。保持这个姿势安静地待几分钟。

　　（9）感受一下你的后脑勺、手臂、后背、骨盆、双腿和脚跟。回想你所处房间的样子。深吸一口气让自己清醒一点，再用力吐气，回归自然的呼吸。你可以稍微活动手和脚，还可以像猫咪一样伸个懒腰。当你准备好时再慢慢睁开双眼。

　　建议：你也可以用孩子喜欢的东西（如毛绒玩具、羽毛）来代替水流。

自由意味着每一刻都可以毫无负担地做真实的自己。只做你自己，独立且无拘无束。自由是允许他人成为自己、无条件地接受他人、真心实意地接纳他人。自由属于所有人，每个人都有责任保护它、捍卫它。

允许孩子自由地表达自己的观点、想法和情绪，允许他们按自己的节奏自由地活动，让孩子以自己的方式探索周围的世界。

活动 7 自由：随心所欲地活动

跳舞

播放音乐，舞动起来，邀请孩子一起加入，让他随意发挥。

绘画

准备不同的绘画工具供孩子选择，如铅笔、水彩笔、贴纸、颜料、胶水、用于裁剪的杂志等，根据孩子实际年龄适当调整画具。建议孩子用自己喜欢的画具在白纸或画布上作画。你可以和孩子一起创作。

阅读

准备一些孩子看过的图书，让他回忆书中的故事情节、编一段故事或简单地描述书中的图片。

　　对于婴幼儿，父母可以把他放在较硬的地毯上（更有支撑力），并在其身边放一些轻便的玩具，让他独自活动。你可以陪在孩子身边和他说话并给予他鼓励。

　　建议：最好给孩子穿上柔软、宽松的衣服。

自信

　　要想让孩子变得自信，就要重视他的努力、淡化他所犯的错误。犯错是人之常情，是学习中不可或缺的一部分。让孩子学会独立自主、承担责任，首先要对他有信心。自尊心是个体自幼年起在人际交往过程中逐步培养起来的，它包括以下 4 个维度。

- 自信：相信自己的能力。
- 自爱：爱自己真实的样子。
- 自我接纳：接纳自己的独特之处。
- 自我认同：重视自身的经历。

　　建议：让孩子自己决定第二天要穿的衣服；

当孩子遇到问题时，让他自己寻找解决办法，必要时给予引导。

1、2、3，相信你自己，

4、5、6，说出你的烦恼，

7、8、9，你没那么孤单了，

10、11、12，你的思绪温和且安宁。

活动 8 自信：时光定格

当你和孩子一起在家或在公园里玩耍时，可以建议孩子体验一下"时光定格"，借此机会让孩子观察周围的环境。你可以问他以下几个问题。

- 你看到了什么？
- 你听到了什么？
- 你闻到了什么？
- 你的身体感受到了什么（风、阳光等）？

让孩子闭上双眼，将注意力集中于自己的身体与内心，问他以下几个问题。

- 你有什么情绪？
- 你有什么想法？
- 你的身体有什么感觉？
- 你能感觉到自己的呼吸吗？

接下来，可以继续问他有哪些收获，遇到了哪些困难？

请倾听孩子的声音，认真思考他说的话。如果你认为自己的想法对孩子有帮助，也可以和他分享你的观点。

这个活动旨在告诉孩子你是他可以倾诉的对象，你尊重他的想法、情绪及感受，而且你会陪伴在他身边，鼓励他、理解他。

孩子需要知道自己对父母很重要，并且父母把他视为一个完整、独立的个体。

互助

互助就是在他人需要时伸出援手、倾听其诉求，怀着同理心和善意向对方提供帮助、支持和陪伴。

对孩子而言，你对他人的善举（如帮助街上迷路的人）就是对互助最好的诠释。为增进孩子对此概念的理解，你可以让他帮忙做家务（如做饭、打扫、整理等）、捐赠自己的玩具和图书或帮助其他有困难的孩子。

活动 9　互助：运送气球

首先，让孩子思考一下如何在不使用手的情况下运送气球；然后，建议孩子和你合作完成这项活动。例如，可以将气球放在你们的头、腹部、背部或其他部位之间，一起尝试从房间的一端走到另一端，期间不能让气球掉落。

其他活动推荐：搭建积木塔。每个人轮流放置木块，搭出一座尽可能高的塔。

共情

共情就是察觉并尽量理解他人的情绪和言语。我们要帮助孩子掌控自己的情绪，教他如何用语言表达自己的问题。你可以对他说：

"我看得出你不开心，需要我抱抱你吗？"

让孩子有需要时就找你倾诉。陪伴在他身边，认真倾听他的感受。

活动 10　共情：两个小精灵的故事

从前有两个小精灵，一个戴黄帽子，一个戴蓝帽子。在山的两侧，他们各自有间小木屋，周围绿树环抱。为了不翻山就能和彼此聊天，两个聪明的小精灵想到了一个妙计。

一天早晨，他们各自从山的一侧开始凿岩石。过了一段时间，他们终于能听见对方从山的另一边传来的声音了。此后，两个小精灵每天都通过岩洞向对方分享自己的一天。他们常常一起开怀大笑，发展出了一段美好的友谊。

有一天，这对好朋友起了争执，他们的喊叫声响彻整个森林。动物们受到了惊扰，纷纷躲进家里。你知道他们为了什么事争吵吗？就因为黄帽子精灵说他看到了黎明的曙光，清晨的第一缕阳光照得他的脸庞暖洋洋的，而蓝帽子精灵却说他看到的是黄昏，天边已经挂上了星星。接下来，他们一个月都没有说话，整座山都陷入了寂静。

由于无法达成一致，两个小精灵决定挖一个更大的洞，亲自爬过去看看究竟谁对谁错。两人在途中相遇了，这是他们第一次见面。两人虽然仍有些生气，但还是牵起了对方的手，毕竟情谊更深重。蓝帽子精灵邀请他的朋友去他家亲眼看看那些璀璨的星辰。黄帽子精灵来到山的另一边，眼前闪烁的繁星顿时让他目瞪口呆。

"你看，我说得对吧！"蓝精灵喊道。

"是的……是的，是的。"黄帽子精灵回答道，此时的他依然觉得惊奇不已。

"那么，你明白我为什么生气了吧？"

"是的，这里的景色真是太美了。"黄帽子精灵回答道。

他们一起欣赏美丽的星空，过了很长时间，黄帽子精灵站了起来，问他的朋友是否也想看看他的房子。听到这里，蓝帽子精灵非常开心，毫不犹豫地接受了邀请。于是，他们带上小火把又一起进入洞穴。他们刚到另一边，便被洒在黄帽子精灵家屋顶的一缕阳光晃花了眼。蓝帽子精灵惊讶不已，说不出话来。

"这，这不可能！"蓝帽子精灵结结巴巴地说道，"真不敢相信你这里竟然是白天。"

"我也是，一开始不相信你那里是黄昏，真是不可思议！"黄帽子精灵回答道。

两个小精灵看向对方，然后紧紧拥抱在一起。两人已在心里原谅了对方，也明白了他们都没有错。从这一天起，他们决定以后要互相倾听，做一辈子的真心朋友。

人人都有自己的立场和看法，

重要的是互相倾听、彼此沟通，而不是争论对错。

原谅

每个人都可能犯错或有行为不当之处，孩子需要学会原谅，重要的是知道原谅之后应该怎么做。请用正面的词汇描述事情的经过，再一起寻找解决方法。

例如："我刚刚提高嗓门，是因为我以为你会摔下来，很抱歉吓到你了。"

活动11　原谅：负重

挑选一些书本之类的重物，给每个物品贴上负面词汇标签，如伤害、怨恨、仇恨、报复、愤怒、痛苦等。然后将所有物品放入一个袋子中。每个人轮流背这个袋子，感受袋子越来越明显的重量。

然后向孩子解释，心中如果怀有愤怒、仇恨等负面情绪，造成的心理负担会比这个袋子还要沉重。如果选择原谅那些伤害或冒犯自己的人，所有不愉快的情绪将会一点点消散，自己也能卸下压在身上的重担，获得解脱。尽量让孩子明白，最大的伤害是困在负面情绪中，就像装在袋子里的这些书本一样。原谅是通往心情愉悦的道路之一。

善意

积极、真诚地倾听的关键在于，真正地关注对方与你分享的内容；保持善意，接受对方真实的样子。父母要用温和的语言与孩子积极沟通，接纳他的情绪和疑问。

活动 12　善意：传递赞美

你可以和家人在客厅开展这项活动。大家围成一圈。你手持一个球或一根木棒，对其中一位家人说一些发自内心的、积极的、善意的话。表达赞美和接受赞美的人都花一点时间

体会内心的感受（此时的情绪、情感、想法及期待）。然后，接受赞美的人接过球，成为善意的传递者。让活动持续进行，直到每个人都发言并收到了其他人的赞美。

创造力

创造力是宝贵的财富，是我们与生俱来的能力；然而，如果我们不对其加以培养，它便会随着时间的推移而消失。我们时常低估创造力的价值。父母如果希望孩子全面发展，那就必须激发他的创造力。

对于个人，无论儿童还是成人，唯有通过玩耍才能激发创造力、充分展现自己的个性。而个人只有依靠创造力才能发掘自我。

——唐纳德·温尼科特（Donald Winnicott），
儿科医生、精神分析师

建议：你可以和孩子一起准备菜谱、编故事、绘画、做手工……

活动 13　创造力：可以吃的画

你可以和孩子一起创作专属于你们的画。需要用到以下材料：

- 4 份玉米淀粉；
- 食用色素；
- 2 杯热水；
- 1 把勺子和 1 个容器；
- 若干盛颜料的小碗；
- 1 张纸；
- 工具（手、画笔、印章等）。

现在让孩子开始创作吧！

呼吸

吹气，聆听你的呼吸，感受身体的运动。全家人花点时间坐下来，一起做呼吸练习。这个平静的时刻对整个家庭大有裨益。深吸一口气，然后缓缓地呼气，吸气再呼气，如此反复几次。你可以闭上双眼，引导孩子呼吸，按照他的节奏，跟随他的气息。

你还可以播放一些轻柔舒缓的音乐。

建议：吸气5秒，让空气充盈肺部，然后缓缓地呼气5秒，如此反复持续1分钟。重复5次。你可以给自己喷一些绿薄荷或洋甘菊精油，最好给幼儿使用纯露，如橙花水。

活动14　呼吸：吹蜡烛

（1）点燃一根蜡烛，让孩子对它吹气，但不要将其吹灭。让孩子深吸一口气，然后缓缓地呼气。孩子可以闭上双眼，以便更好地想象蜡烛的光芒和温暖。

（2）让孩子再次吸一口气，屏住呼吸停留片刻，接着将嘴靠近烛火，做出要吹灭它的样子。孩子要尽可能缓慢而轻柔地吹气，不能让蜡烛熄灭。

建议：如果想升级挑战，你可以和孩子轮流吹蜡烛。重复该活动5次可以达到进一步放松的效果。你还可以用羽毛做这项练习，把它放在地上，将其从A点吹到B点。

放松

孩子需要放松，让思绪不受约束地漫游。消遣活动能让他重新充满活力与能量，修养精神与心灵。孩子需要这样的时刻去重新探索周围的事物，父母给予他这种机会

115

是十分有必要的。

活动 15　放松：小熊一家

给孩子讲"三只小熊上山找蜂蜜"的故事，与此同时给他按摩后背。在孩子坐下或躺好后，你便可以开始讲故事了。

熊宝宝小心翼翼地爬上来（用指尖轻点孩子的背）。小熊走到左边的肩膀找蜂蜜，它找呀找，一直走到了手臂，却什么都没找到。然后它沿着背滑下去（用双手盖住孩子的整个背部）。

小熊滑到了妈妈身边，熊妈妈给了它一个大大的拥抱（用打圈的方式按摩孩子腰部）。熊妈妈决定用更大的力气往上爬（手掌轻放，稍微加大按压力度）；然后她前往右肩寻找蜜罐。它找呀找，一直走到手臂处，然后又向上走，但还是什么也没找到。于是它沿着背部滑了下去（用手盖住整个背部）。

熊妈妈回到家后又抱了抱小熊（用打圈的方式按摩孩子的背部）。接着熊爸爸出发去找那罐神奇的蜂蜜，它沿着背部向上爬（手握拳轻轻沿着孩子的背向上按压，到脖子处改用手掌从上到下来回按摩，随后将双手覆在孩子的肩膀上，将这一整套动作重复3次后把手放回上颈弯）。熊爸爸找呀找，总算找到了这罐馋得人口水直流的蜂蜜。然后它从背上滑下来，回到家，拥抱了家人，与它们一起享用蜂蜜（打圈按摩孩子的腰部，接下来做最后一组覆盖动作：把手放在脊柱两侧，轻轻按压的同时逐渐向上移动并穿过肩膀，然后沿着手臂往下，最后双手在孩子的腰上停留几秒，按摩到此结束）。

　　问一问孩子感觉如何。他可以继续保持这个姿势，你还可以给他盖上毯子。按摩的轻重程度根据孩子的反馈而调整。你也可以改编这个故事，或者增加一些道具（如不同材质的小球）。

运动

　　跳舞、做瑜伽等活动可以让孩子自由地活动身体。和孩子模仿乌龟、蝴蝶、大树等各种各样的物体，摆一些有趣的姿势，陪他一起探索自己的身体，体验这段与他分享、交流的纯粹时光。仔细观察孩子，感受他的美好。

活动 16　运动：下犬式

（1）父母和孩子一起跪立在垫子上，然后双手撑地，双臂伸直，背部平行于地面。

（2）然后伸直双腿，抬起脚后跟，踮起脚尖，向上提臀。

（3）接着脚后跟踩地，双腿伸直，同时让头部自然垂向地面。

建议：整套动作重复 5 次。以婴儿式结束——将身体蜷缩成球形，额头贴地，跪坐在脚后跟上。双臂放于身体两侧。利用这一刻闭上双眼静静地呼吸（持续 30 秒至 1 分钟）。

冥想

孩子可以通过冥想管理身体与精神上的压力，进一步理解自己的情绪。专注于呼吸可以让他的注意力更加集中，从而更好地倾听，还可以提高他对自己和他人的信心。当你和孩子一起冥想时，一种平静的感觉会将你们笼罩，你们彼此相连，却并不相同，此时一股温柔的能量在你们之间流动。

你可以建议孩子闭上双眼，感受自己的身体与感受，问他："你现在的呼吸怎么样？是更急促了，还是和平常一样？你是否感觉到呼吸困难？是否有堵住或不畅的地方？"

活动 17　冥想：魔法森林

让孩子选择一个舒适的姿势坐着或躺下来，他愿意的话也可以闭上双眼。你可以给他盖上毯子。然后开始冥想。

深呼吸 3 次：先用鼻子吸气，然后用嘴尽可能长地呼气，1 次……2 次……3

次……接着，恢复正常的呼吸。

跟随下面的故事想象。

你稳稳地踩在地上，很快就要踏上一段美妙的旅程，前往这片神秘的魔法森林。

有一匹高大漂亮的白马来接你，你骑上马背，它朝森林小径小跑而去，这是一片神奇的森林……

白马把你轻轻放在绿油油的草地上，小草将你包裹，柔软又蓬松，你可以变换各种姿势。在那里，你感觉很舒服。

你感觉到风在抚摸你的脸颊，小草轻轻挠你的掌心，你看到了广阔无垠的天空，最后一缕阳光划过地平线，把天空染成了黄色、橙色，有些地方变成了红色，甚至沾上了一点紫色，天空中五彩缤纷。

这些色彩如此美丽，你感觉就像掉进了一片彩虹。

你看到五彩斑斓的蝴蝶在你身边飞舞，大自然的声音环绕着你，你感觉很好。

一只蝴蝶撒落了淡淡的鳞粉，粉末闪闪发光，你摸了一下粉末，感觉整个身体开始变化，熠熠生辉。

渐渐地，你变成了一只色彩斑斓的蝴蝶，双臂变成了蝴蝶翅膀身上有一些黄色、橙色和淡蓝色的鳞片。

你的周围全是蝴蝶，你观察它们，然后开始享受自己的新翅膀。你轻轻扇动翅膀，每次振翅，你都能感受到空气的流动，你的身体很轻盈，你能感受到翅膀的每一次开合。你在飞行时体会到了一种惬意，你旋转着做各种美丽的飞行动作，你感觉很好。

然后你飞得越来越快……你感觉到风轻抚你的脸，滑过你华丽的翅膀，这种感觉是如此的舒适。

渐渐地，你的速度慢了下来，你原路返回，然后你慢慢地落在草地上，好好休息一下吧。

你静静地躺着，小蝴蝶落在你周围的小草上。

你展开翅膀，你的头靠在一侧，你的身体逐渐又变成了孩子的模样。

你感觉到自己的身体接触这片柔软的草地，白马轻轻地将你举起驮在背上。

慢慢地，慢慢地，你发现自己盖着毯子躺在舒适、温暖的床上，仿佛你还在那片美妙的魔法森林里。

你现在明白了，有需要时你就可以在梦中回到这片美妙的魔法森林。

第三部分

丰富环境，激发孩子的探索欲

孩子首先是其周围世界的探索者，然后才会变成创造者，重建其
周围的世界。只有先尝试理解这个世界，他才能采取行动。

关系

情感

意识

共同进步

实现真正的家庭繁荣

日常生活环境对孩子成长的影响

我们都是社会性动物，孩子的成长与进步离不开家长和他人的参与。在持续社会化的过程中，孩子会借助与周围环境和人的各种互动完成自我塑造。环境和人均会对孩子的成长与行为造成影响。

孩子的大脑在胎儿期开始成形，伴随孩子的成长逐渐发展成熟。广义上的环境（压力、饮食、尼古丁等因素）会影响孩子的基因表达。针对这一现象，作为生物学分支的表观遗传学研究了在不改变 DNA 序列的情况下影响基因表达的环境因素。基因一直存在，但有些被激活，有些则没有。

遗传是基因的写入，而表观遗传是基因的读取。

研究表明，孩子的早期经历决定了其基因的表达。幼儿的大脑对环境十分敏感；不过有一点需要说明，即这些生物学机制大多是可逆的。

也许我们的人生开局不尽人意，但一切皆有可能。因此，从母亲孕期开始就应该保证胎儿健康，孩子在幼儿时期得到悉心照料尤其重要。

表观基因组根据孩子所处的环境进行以下两种调节。

- 正向调节：稳定、可靠、爱意满满的关系，健康的食物，等等。
- 负向调节：令人不安、紧张的人际交往，反复接触危害健康的物质，等等。

我们知道，人生最初几年的经历对孩子的整体发展至关重要。除了基因，神经元连接也在儿童的大脑发育中发挥作用。孩子在这个时期会经历各种各样的事情。他将学会与他人及周围的环境互动。在此阶段，丰富的学习内容会激活孩子的神经元细胞，强化或弱化某些连接。事实上，神经基础形成于幼年时期。神经元在白天吸收的所有信息有助于孩子的情绪，以及认知、运动、逻辑、语言和记忆能力的发展。

稳定的周围感官环境和情感环境会给予孩子一定的原始信心和庇护，而这将伴随其生命的大部分时间。

——鲍里斯·西吕尔尼克（Boris Cyrulnik），精神科医生、精神分析学家

感官环境指的是孩子通过感官感受到的所有感觉。此外，感官信息还包括一些体感信息，即身体的感觉。

感官刺激因素多种多样，包括：

- 器官层面（血管、内脏等）；
- 化学层面（有气味或有味道的物质）；
- 物理层面（声音、光、压力、温度）。

感官环境的质量会影响孩子的心理情感发展，特别是他的适应能力，也是主导孩子智力发展的因素。因此，家长要尤其重视孩子生活的环境。观察孩子的探索行为，

给他创造探索的机会，让他在父母的陪伴下安心地自由活动。正如心理学家安妮—玛丽·方丹（Anne-Marie Fontaine）所说，家长的陪伴犹如夜间的灯塔。

我们可以将环境分为两种类型——社会环境与物质环境。

社会环境

社会环境是极其重要的因素，它环绕在孩子周围。如果孩子置身于积极倾听、态度亲和、相互信任的社会环境中，他就能平稳地成长，并乐于探索与了解周围环境的运作机制，同时也能体会到与自己的照料者紧紧相依。

孩子在与周围人相处时也会建立起有利于自身整体发展的其他依恋关系。这些互动促使孩子对世界保持开放的态度，激发他的探索欲。

例如，当孩子与父母以外的人交谈时，他的表达有时很难令他人理解。在这种情况下，孩子会寻找其他替代词或者用其他方式重复说一遍。这样一来，孩子的语言能力就能得到提升。

家庭内部的交流可以让孩子明白自己来自哪里，并且他在其中有属于自己的一席之地。这将给予孩子安全感，帮助他构建个人身份。在父母分居的情况下，和其他家庭成员保持联系十分重要（除非这种联系有害无益），这是孩子的锚点。

孩子所在的幼儿园和学校环境也是影响其发展的因素之一。因此，你必须信任孩子的照料者及老师，关注孩子的反应，尤其是在其行为突然发生变化时。

总而言之，社会环境会影响孩子的认知、情感及社交层面的发展。

物质环境

孩子可以接触到的玩具和游戏往往五花八门，应有尽有。我们需要给孩子提供简单且多样的游戏。孩子的兴趣是关键，因为孩子只有在对活动感兴趣的情况下才能发现探索和理解的乐趣，同时其注意力和专注力也将得到提升。

倘若你想给孩子创造一个有趣的空间，可以从他的角度出发记住能真正给他带来游戏乐趣的东西。

唤醒你内心的童真！

合适的环境很重要。也就是说，给孩子布置的空间要有吸引力，要能够激发他的探索欲。让孩子选择一项他最感兴趣的活动。将同种类型的游戏按从简单到复杂的顺序放在一起。环境布置以简单、色彩柔和为宜，以免孩子受到过多的视觉刺激。还要小心可能损害孩子听力的游戏声音。另外，检查以下内容也很重要：

- 游戏的合规性；
- 材质的安全性；
- 包装上的警告。

游戏

尽量让孩子在没有约束的情况下自由活动，这样他才会自发地探索世界。你可以提供靠垫或者柔软的物品，让他在需要时抱着休息一下或者窝在里面。

游戏是孩子的基本需求与主要活动，对他的发展至关重要。

法国儿科医生、精神分析学家弗朗索瓦丝·多尔托（Françoise Dolto）认为："游戏让孩子学会生存，学会独自生活，也学会与他人一起生活。"

游戏还可以帮助孩子塑造个性、增强自信心，让他更好地了解自己。孩子通过这种方式得以发现自己的身体潜力、行为方式及其对物体和周围环境的影响。

游戏有利于儿童的整体发展（运动、感觉、认知、社交能力及语言）。从情感层面来说，游戏使孩子能够与同龄人接触，从而促进其社会化。这些经历让孩子有机会体验自己的情绪，进而更好地控制情绪。因此，游戏是快乐、好奇心和分享的真正来源，孩子从中得以建立自信心、增强自尊心。

在游戏过程中，家长扮演的角色是观察者与陪伴者，在保障孩子人身安全的同时让他自由地探索自身极限。安全的环境及家长的陪伴会让孩子充满自信并能够安心地探索周围的环境。

年龄	游戏	好处
0～3岁	感官游戏、堆叠/射击/填充/清空游戏、角色扮演（过家家、当司机、做医生）、搭建类游戏、橡皮泥、用水彩笔/粉笔/颜料画画、骑平衡车、看书	为孩子创造一个丰富的环境，有利于强化情感纽带和安全的依恋关系
4～6岁	拼搭积木、串珠、手工、园艺游戏、图版游戏、水果/蔬菜木雕玩具、切分游戏、拼图、骑车、结绳游戏、烹饪、看书和漫画	让孩子探索和了解周围的世界、激发他的想象力与创造力
7～10岁	主题/策略/规划游戏、图版游戏、逃生游戏、益智游戏、思维游戏	强化人际关系，激发孩子的探索欲

上表仅列出部分内容，所示年龄分组仅供参考。重要的是结合孩子的需求、兴趣与能力来选择游戏内容。

正如衣服、颜色和头发长度一样，玩具也没有性别之分。孩子看到的只有物品本身及其在各种尝试中展现的所有可能性。如果我们仅根据孩子的性别选择游戏，就会给他们释放错误的信息：

- 即使你感兴趣，有些活动也并不适合你；
- 你没有能力玩这项游戏；
- 我不在乎你探索与尝试的需求。

久而久之，这种认识在孩子心中根深蒂固，往往会影响他作为男性或女性对自我形象的认知。如果孩子不能自由地尝试各种游戏，他便无法通过自己的探索与理解来塑造自我身份，那么唯一的途径只有身边成年人的表述。此外，对孩子而言，物品的意义并不取决于它的功能，而是取决于它可供孩子探索及帮助孩子适应环境的可能性。

我们多给游戏及游戏的可能性一点空间吧！

物品	认知	
	家长	孩子
椅子	用来坐的东西	可以躲藏、攀爬甚至探险的地方

当然，孩子所处的环境会随着他的成长发生改变，而父母的观察便是最佳的指导。慢慢来，尊重孩子的节奏。让孩子处于他无法掌控的姿势或情境下对你和他都没有好处（如让无法坐立的孩子坐在垫子上）。

探索自然有利于提升孩子的 12 种心理技能

　　大自然在儿童的成长中发挥着关键作用。这也是为什么家长应该陪孩子一起探索大自然，开启唤醒感官、尝试新事物的奇妙探险。

　　幼儿通过感官感知并认识世界，其身体、认知、情感、情绪、社交等方面的感知相互关联。孩子在与大自然接触的过程中学会了解、热爱并尊重自然。

——《法国幼儿养育指导大纲》

（ *Du Cadre National Pour L'accueil Du Jeune Enfant* ）第六条

　　该条款强调了亲近大自然对儿童成长的重要性。环境流行病学博士帕亚姆·达德万（Payam Dadvand）及其同事的研究表明，无论是在强化参与、冒险、探索及控制能力，还是在提升创造力与自尊的层面，自然环境都给儿童提供了独特的学习机会。它可以激发各种情绪状态（如惊奇），提升有利于儿童认知发展的心理技能。

　　不同于人工打造的环境，大自然给我们提供了看待世界的新角度。大自然富于变化，其景象随时间、季节、光线等各种因素而不断改变，置身其中有利于大脑功能的发展，尤其有利于提升视觉感知能力。

　　因此，探索自然有利于提升孩子以下 12 种心理技能。

（1）体会安静

让孩子尝试多种体验，如安静地散步，只聆听周围的声音，或者沉浸在自己的想法和情绪中。

（2）感受自己的呼吸

让孩子专注于呼吸，根据呼吸节奏调整自己的步伐，然后观察呼吸过程中身体（腹部、躯干等）的变化，通过这种方式感受自己的节奏。

（3）学会欣赏

散步时，如果孩子向你展示他觉得很美的自然元素，不妨停下来花时间端详一番；然后用开放式的问题与孩子讨论观察的结果：

- 你看到了什么？
- 你觉得什么漂亮？
- 你有什么感觉？

你也可以和孩子分享自己的想法，这样可以让孩子通过周围的环境了解自己。

（4）了解自己的极限

孩子在大自然中将面临体力和智力的考验。他将学会克服困难，体会靠自己的努力实现愿望的乐趣。

（5）提升想象力与创造力

大自然中的元素（岩石、树木等）是孩子开启冒险的钥匙。例如，一棵树会变成一艘木船，岩石可以用来建造房屋。大自然蕴含无限可能！

（6）增强身体素质

在大自然中，孩子会尽情地活动身体，其整体运动能力也由此得以提高。户外运动也能提升孩子的平衡感、敏捷性和灵活性。

（7）提高注意力

让孩子随意活动、锻炼，消耗过剩的精力。这样一来，他能更专注于自己要做的事情。

（8）培养社交技能

在大自然中，很多东西都需要自己创造，孩子将解锁各种能力，包括与人合作、解决问题、帮助他人及向他人传递信息的能力。最重要的是孩子将借此找到自己在家庭中的定位，从中获得令其心安的归属感。

（9）缓解压力

在与大自然接触的过程中，孩子会对自己、他人和周围的环境产生积极的情感。释放紧张的情绪也能缓解孩子的压力，让他更好地探索自我和了解他人。孩子可以在大自然中获得更多成长机会（如表达自己的情感）。

（10）增长知识

孩子在体验大自然的乐趣中将不知不觉地学会：

- 区分水的不同形态，这是化学；
- 运用杠杆原理提起重物，这是物理；
- 数花瓣，这是数学！

在大自然中，孩子可以通过具体的实验和观察来发现重力、声音和运动等概念，同时丰富自己的词汇量。

（11）建立自信

大自然是一个游乐场，给孩子们设置了各种各样的挑战。他们将学会做出决策、解决问题……这一切都会给他们带来满足感和自豪感。孩子通过这些经历会明白并没有真正的失败，生活中有许多学习和进步的机会。亲近大自然有利于孩子的成长和整体发展，提高孩子爱护环境和尊重生命的意识。

（12）唤醒感官

我们可以靠七种感官从环境中获取信息：视觉、听觉、触觉、嗅觉、味觉，以及前庭感觉和本体感觉。

前庭感觉与我们的身体、周围人的运动和物体有关，其中内耳在保持身体平衡方面发挥了重要的作用。而本体感觉则是通过肌腱和肌肉纤维中的传感器感知身体空间位置的能力。

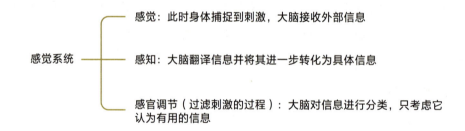

感觉系统
- 感觉：此时身体捕捉到刺激，大脑接收外部信息
- 感知：大脑翻译信息并将其进一步转化为具体信息
- 感官调节（过滤刺激的过程）：大脑对信息进行分类，只考虑它认为有用的信息

因此，感官感觉是孩子与环境的第一次接触。个人的感官能力对其运动、认知和人际关系能力的发展必不可少。

有了感觉系统，幼儿的感觉运动系统才得以发展。这个阶段至关重要，此时孩子通过感知感官信号来认识周围的世界。父母通过吸引孩子的注意力让他受到感官刺激，从而引导他移动、抓取周围的物品、走动并探索身边的环境。

一开始孩子做的动作较为简单，随后逐渐变得复杂。知觉运动发育阶段与整个中枢神经系统的成熟程度有关。运动感知是儿童感知各种听觉和视觉刺激并将这些数据转化为运动的能力。

孩子的所有感官在其自由玩耍时都得到了刺激，有助于他进一步了解自己的身体和环境。只有孩子的各种感官系统都得到运用时，他的认知才有可能发展，反之亦然。因此，运动可以促进智力发展，因为孩子通过实际操作和玩耍逐渐理解周围的世界。

孩子的整体发展并非呈线性，而更像阶梯状。在发育过程中，孩子会进步，但有时会停滞，甚至会倒退。这些完全是正常现象。

和孩子在公园或树林里散步时，你可以停下来，运用感官感受周围的世界。

视觉。孩子在出生前就能感知光，他的周边视力已经成熟。出生时，孩子的视力模糊，看到的物体都是黑白的。他能够借助光逐渐调节自己的身体节律，如昼夜节律。

3 月龄左右，孩子的视力变得更加清晰，看到的颜色愈发丰富。3 岁左右，其眼睛的发育程度已接近成年人水平。

仔细观察周围的环境，引导孩子感知植被、地面和天空的不同颜色，发现光影的变化，可以让孩子说出他看到的 4 种元素。

听觉。胎儿在 6 个月胎龄时就能感知母亲体内的声音和外界的声音。刚出生的婴儿能够识别父母的声音及他在母亲子宫内记住的声音。

让孩子闭上双眼，辨别 4 种不同的声音，如风声、鸟叫声、远处的车辆声等。

触觉。胎儿在 3 个月胎龄开始产生触觉时，胎儿对羊水的振动很敏感。

让孩子抚摸 4 种不同的物体（树皮、树叶等），感受它们的质地。

嗅觉。在触摸上述物体后，让孩子闻一闻它们（叶子、花、蘑菇、泥土等）的味道。

味觉。母亲摄入的食物会在羊水中循环。自孕期 3 个月起，胎儿便会通过这些食物形成自己的味觉偏好，渐渐地就能区分甜和咸两种味道。

观察大自然，让孩子说出他看到的颜色，并将它们与自己知道的食物联系起来。然后和他讨论这些食物不同的味道（甜、咸、苦、酸）。

自亚里士多德以来，人们一直认为人有 5 种感官。现代科学界认为人类还有以下 4 种感官。

（1）**本体感觉**让我们能感知空间中的身体。个人的整体身体意识在 6 岁之后才发育完全。

（2）**平衡感**使我们能保持平衡，其中内耳前庭器官发挥着重要作用。

（3）**温感**是对不同温度的感知感觉。

（4）**伤害感受**是一系列感觉现象，使我们能感知产生疼痛的刺激，保护我们免受伤害。

提高孩子的环保意识

和年幼的孩子谈论可持续发展并没有多大意义，他们还无法理解这些概念。不过，增加孩子与生态环境的接触有利于培养他们保护环境的意识，父母要做的就是让孩子完全自由地探索周围的自然环境——树叶、石头、草地、泥土、水坑……孩子把自己弄得脏兮兮也无妨，因为他正在体验！

孩子在大自然中感受、创造、获得乐趣，他们会感叹自然界的奇妙。这些都有益于孩子的成长与发展。他们会逐渐理解自然的运作方式，成为一个负责任的生态公民。

要提高孩子对自然的认识，首先家长要以身作则，养成良好的习惯，把你给孩子的建议付诸实践。其次可以帮助孩子做到以下几点。

（1）观察自然

- 散步：给孩子读有关动植物、四季等主题的图书；让他通过各种感官感受风、雨、雪、阳光、青草和树叶；采摘、品尝水果、蔬菜和香草；观察季节的交替和植物的生长周期。

- 园艺：播种、除草、浇水。他在这个过程中能观察到各类植物的生长阶段。种什么植物取决于你有多少空间，只要开始做，一切皆有可能！

（2）自己探索和尝试

例如，让孩子做关于水的小实验，跟他解释水的形态变化。你在给花草浇水、松土或除草时也可以让孩子拿起工具参与进来。

（3）短途旅行时尽量步行或骑行

这样的出行方式不仅健康、经济，还可以锻炼身体，提升免疫力，促进孩子生长发育。此外，这也能提高孩子的环保意识，让他明白机动车会导致空气污染。

（4）了解能源

什么是电？光线是怎样进入房间的？这种能量从何而来？能源有哪些类型？孩子总是充满好奇。针对他提的问题，你可以向他解释这不是魔法，能源就像水一样宝贵，我们不应该浪费它。你可以参考相关主题的儿童读物。

（5）对垃圾进行分类

培养孩子垃圾分类和回收的意识。首先向他解释生物可降解性的概念——有些垃圾可以被自然分解，有些则不能。留在野外的垃圾会造成污染，破坏环境，让风景变得黯淡。然后向孩子展示如何以有趣的方式对垃圾进行分类，让他自发地去做（不要强迫他）。在家中准备不同的容器装各类垃圾不失为引导孩子垃圾分类的有趣方法。当孩子把垃圾扔进对应的垃圾桶时，别忘了表扬他。

（6）自己制作物品

告诉孩子物品是可以重复使用的，它们有第二次甚至很多次生命。例如，快递箱可以变成孩子的秘密基地或玩具箱，也可以将其做成篮筐或小屋。让孩子发挥想象力，自己摆弄纸箱，开发新游戏。

（7）有节制地消费

买东西时，教孩子问自己一些问题：“我真的需要它吗？为什么？”在食品方面，则可以问：“这种水果或蔬菜在夏天还是冬天生长？”

（8）在户外随手捡拾垃圾

在树林或海滨散步时，让孩子协助你捡起地上的垃圾。记得给孩子戴手套，以免受伤。一开始不要强迫孩子，先示范给他看，慢慢地孩子就会和你一起做。可以向他解释，沙滩上的塑料在涨潮后会流入海洋，而鱼并不能区分食物和塑料。塑料会导致某些海洋物种（如海龟）窒息，同时损害鱼类的健康，因其无法消化吃进去的塑料。

我们每个人都可以通过改变日常行为来贡献自己的一份力量。

孩子首先是其周围世界的探索者，然后才会变成创造者，重建其周围的世界。只有先尝试理解这个世界，他才能采取行动。

——让·爱泼斯坦（Jean Epstein），法国社会心理学家

对儿童健康和发育有害的成分

内分泌干扰物 [1]

内分泌干扰物是一些对生物体激素功能产生有害影响的天然或合成化学物质。

内分泌干扰物
（外源分子）

— 模拟机体激素作用

— 阻断受体结合或使受体饱和

— 干扰激素作用机制，包括合成、输送、调节、作用、分解等过程

主要内分泌干扰物包括：

- 双酚 A；

- 邻苯二甲酸酯（增塑剂）；

- 对羟基苯甲酸酯（防腐剂）；

- 三氯生（抗菌剂）；

- 农药；

- 添加剂。

---

[1] 又称环境激素、环境荷尔蒙或环境雌激素等。——译者注

下列产品可能含有上述化学物质：

- 食品容器（可能含有双酚 A）；
- 家庭清洁用品；
- 被农药和多氯联苯污染过的食物；
- 化妆品（可能含有对羟基苯甲酸酯等）；
- 受污染的环境；
- 塑料制品或合成材料制成的日用品。

此外，还应注意：

- 某些食品添加剂可能对儿童的行为和注意力产生不良影响，其中包括柠檬黄（E102）、喹啉黄（E104）、日落黄（E110）、偶氮玉红（E122）、胭脂红（E124）及诱惑红（E129）这 6 种常见于很多廉价糖果和即食食品中的合成色素。
- 硝酸盐和亚硝酸盐类食品添加剂，包括亚硝酸钾（E249）、亚硝酸钠（E250）、硝酸钠（E251）及硝酸钾（E252）。
- 以氨法（E150c）或亚硫酸氨法（E150d）制成的焦糖色素。

你知道吗？

- 每天室内至少通风 15 分钟。
- 尽量选择天然的食品、卫生用品和洗护用品，成分表越精简越好，最好是有机产品。

- 优先选择本地生产的时令蔬果，这可以减少 20% 的温室气体排放。

- 减少护理和卫生用品的使用量。

- 冲洗食物（蔬菜等）。

- 避免使用塑料制品，更不要将塑料制品（如塑料奶瓶、餐具等）放入微波炉加热。

- 不在室内吸烟。

- 不在孕妇和儿童身边吸烟。

研究表明，若孕期女性血液或尿液中含有邻苯二甲酸盐、双酚 A、全氟化合物等 8 种化学物质混合物，将直接影响婴儿在 30 个月龄时能发音的词汇量。[①]

《科学》（*Science*）杂志表明，到儿童两岁半时，10% 的长期受内分泌干扰物影响的女性所生的孩子与 10% 的极少接触内分泌干扰物的女性所生的孩子相比，前者语言发育迟缓的可能性是后者的 3 倍。

保护生态系统

根据联合国政府间气候变化专门委员会（Intergovernmental Panel on Climate Change, IPCC）的报告，当前阻止全球气候变暖、扭转温室气体排放趋势刻不容缓。我们可以从以下几个方面着手。

---

① 资料来源：法国国家科学研究中心（Centre National de la Recherche Scientifique, CNRS）。

各领域碳排放量饼状图

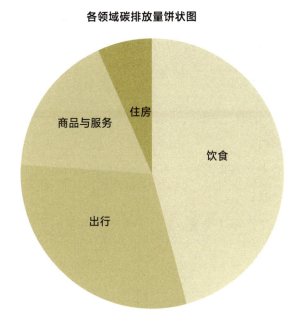

　　虽然各个领域都应予以重视，但从该饼状图来看，在饮食和出行方面我们可以为碳减排做出巨大贡献。

　　严重影响生态环境的食物有：

- 转基因大豆；
- 空运进口的食物原料；
- 大型鱼类和甲壳类动物；
- 超加工产品；
- 棕榈油。

对儿童来说，均衡饮食十分重要，孩子应该尽可能摄取天然、未经加工且应季的食物，碳水化合物、脂肪、蛋白质和微量营养素都不可或缺。

在日常生活中，我们应身体力行，从小事做起：

- 照明优先选择 LED 灯；
- 减少肉类摄入；
- 短途出行选择骑行；
- 长途出行首选公共交通工具；
- 尽量避免乘坐飞机；
- 视需求而购买二手产品（服装、家电、电子产品等）；
- 支持本地食品。

你知道吗？

- 我们摄入的蛋白质超出了身体所需的 45%。
- 冬季种植的温室番茄碳排放量是应季番茄的 4 倍。
- 用洗衣机洗涤含聚酯纤维成分的衣物时，其残留物全年排放量相当于向海洋中丢弃 500 亿个塑料瓶。
- 纺织业的碳排放量占全球总排放量的 2% ~ 8%。
- 50% 的市内汽车出行距离不超过 3 公里。
- 公路运输业是引起气候变化最主要的行业之一，位于工业、农业及住房之前。

养育锦囊

○ 生活环境会影响整个家庭的幸福。不妨抽空评估一下自己的生活环境质量，包括声音环境、视觉环境、嗅觉环境等。

○ 大自然对儿童的全面发展有诸多益处。利用好每次户外活动，呼吸新鲜空气、欣赏周围的美景。不要忘记你有 9 种感官！

○ 你可以用自己的方式为环保事业添砖加瓦。你的一言一行都将影响孩子对这个世界的认识。

○ 孩子的情绪、认知、情感、运动和社交能力相互作用，共同促进其学习和成长。生活环境中存在的各种保护因素和风险因素会影响孩子这些能力的发展。

保护因素

安全可靠的人际关系

参加体育和社交活动
充足的睡眠
健康的饮食
情感上的支持

风险因素

压力/缺乏安全感的人际关系

内分泌干扰物
化学产品
电磁波/辐射
污染

实 践 活 动

激发好奇心与探索欲

实践活动说明

实践活动分为"家长活动"与"儿童活动"。

- **家长活动**：专为家长设计。家长可以通过这些活动加深对理论的理解。

- **儿童活动**：家长既可以陪孩子一起做手工、玩游戏，也可以指导孩子做瑜伽、冥想，还可以给孩子讲故事。

我们在体验中感受、理解和学习，正因如此，我们的生活经历才更加深刻、鲜活。

家长活动

活动Ⅰ　螺旋式上升

回想一下你常对自己重复的命令，你是不是经常在心里对自己说"我必须""我应该""我不得不""就是这样，没有别的办法了"之类的话？针对这些命令问自己以下几个问题："这是谁说的？是真的吗？为什么这么说？是真实的吗？一直都是这样的吗？我知道反面案例吗？"接下来，对自己说一句鼓励你做回真实自我、更加爱自己的话。这样做的目的是让你更好地了解自己。

我爱自己的一切。我并不完美，我赞同这个想法。

在进行活动前，我们先了解几个概念。在本书的开篇，我们探讨了马斯洛需要层次论。现在可以将其与螺旋动力学理论进行比较。二者都描述了人类需求的发展。根据马斯洛需要层次理论，人只有满足较低层次的需求之后，才能满足自身较高层次的需求。而螺旋动力学理论则更加全面，它考虑到了个体每一阶段的需求、价值观、相关的行为和情感。各层级之间并无好坏之分，人在压力时期有可能回落到较低层级。

若不改变诱发问题的意识层面，任何问题都无法得以解决。

以"**我**"为中心 以"**我们**"为中心

7.全局视野： 求知欲、自我意识
成年阶段

8.整体性： 精神性、智慧、共融
智慧阶段

5.个人主义： 效率、竞争、策略
年龄段：**青春期**

6.主体间性： 共情、合作
年龄段：**无特定年龄**

3.身份： 自我意识、探索、冲动
年龄段：**2～3岁至5～6岁**

4.秩序： 规范、道德、等级观念
年龄段：**3～8岁**

1.生存： 生存、本能、无意识
年龄段：**新生儿期**

2.融合： 无差别化、安全
年龄段：**1个月至2～3岁**

美国心理学家克莱尔·格雷夫斯（Clare Graves）通过螺旋动力学理论模型展示了人在一生中可能经历的八个意识层级。他将"意识"定义为开放的心态和与世界的联结。我们对自己、事物、人类、宇宙等都可能产生某种意识。该螺旋是动态的，因为我们的意识层级会根据自身的情感、遭遇、问题、生活、周围的人和环境等因素上升或下降。当我们达到永久意识的层级，即自己的重心位置时，就不会出现连续的降级，即便降级也是暂时的。螺旋的底部代表人的本能，顶部代表意识的最高级——智慧。

第一层次

1. 生存

年龄段： 新生儿期。

个体： 满足基本需求（吃、喝、睡、寻求安全感）。

世界观： 遵循本能的生存模式。

互动和决策方式： 一切以生存优先。

2. 融合

年龄段：1个月至2 ~ 3岁。分离焦虑、想象力丰富。

个体：为集体的生存而牺牲自我。

世界观：周围的世界充满敌意，团体或家庭是安全感和温暖的来源。

互动和决策方式：形成惯例，寻求群体带来的安全感。

3. 身份

年龄段：2 ~ 3岁至5 ~ 6岁。控制情绪，构建个人身份，通过对抗明确自己的界限。

个体：自我意识萌芽，无所顾忌地释放内心冲动，即"我想做什么就做什么，想什么时候做就什么时候做"。

世界观：强者永远是胜者。

互动和决策方式：强者说了算。

4. 秩序

年龄段：3 ~ 8岁。俄狄浦斯情结结束。处事原则从以快乐至上转为考虑现实。内在原则与要求形成，形成超我。构建社会身份。

个体：以当下的自我牺牲换取将来的圆满。

世界观：绝对的是非观念，即一切事物都有其预定的位置并且不能改变。

互动和决策方式：地位最高的人掌握话语权。

5. 个人主义

年龄段：青春期。质疑家庭和社会规则。每个人都会经历这个以个人主义为主导的人生阶段，通过构建自身独特的身份以区别于他人。

个体：有策略地表达自我以满足个人需求。

世界观：广阔的竞争环境为个人提供充足的机会。

互动和决策方式：契约、合作、共同利益、共同决策。

6. 主体间性

年龄段：无特定年龄。该层级没有特定的年龄，并不是所有人都能达到。个体只有完成个人和社会身份的构建（阶段 3 至阶段 5）、摆脱家庭和社会标准的束缚（阶段 5）才能达到该层级。在这一阶段，个体会寻求内心的平衡，从而与周围世界建立和谐的关系。

个体：当下选择牺牲自我，为求将来实现自我平衡及与他人建立融洽的关系。

世界观：每个人的身份与感受都应得到尊重。

互动和决策方式：每个人皆能在彼此关怀和共同协商的环境中表达自己的感受。

在意识的第一层次中，所有层级的转变均由对抗上一层级或由上一层级造成，即达到某个层级极限时便会进入下一层级。

如果想要走出融合层级，就必须实现自我意识。

为了疏导冲动，需要制定规则以确保集体安全。

若要摆脱陈规旧矩，需要理性思维和思考能力以保持头脑清醒并对既定规则提出疑问。

为了回答上述疑问，必须综合考虑人际和个人能力及所处的环境。

第二层次

7. 全局视野

成年阶段（已内化前文所述的所有规范）：我们自身拥有每一条规范所对应的资源，即我们的原则和行为会根据具体情况和时机进行调整——在正确的时间做正确的事。

个体：在不损害他人利益的前提下表现自我。

世界观：复杂、动态、成体系的观念。

互动和决策方式：选择生活原则并不断调整，在协商一致的基础上做出决策。

8. 整体性

智慧阶段：很少有人能达到这一层级。

个体：自我进化。

世界观：个人的感知驱使自我为共同利益行动。

互动和决策方式：深入思考我们的思维方式和社会规则。

了解我们的意识层级并不是为了回避或必须达到某个层级，而是让我们知道如何在每个层级中生活，以及如何实现利益最大化。

活动 2　探究意识层级

生活中我们会在某些情况下从一个意识层级跨越到另一个意识层级。请找出你曾经在生活中处于某个意识层级的具体时刻，至少列出两例。

....

....

你觉得此刻自己处于哪个层级？

....

....

当你焦虑或情绪低落时，是否觉得自己的意识降到了另一层级？如果是，是哪一个（些）层级？

....

....

你曾经到达过更高层级的意识吗？如果有，是在哪种（些）情况下？

....

....

处于这个意识层级时，你有什么感受？

....

....

如果你对自己的现状感到不满，那你为什么抗拒改变？是什么将你困于现状？

例如：我担心自己会成为一个糟糕的父亲（母亲），因为我不知道自己会面临什么。我害怕因此而失去平和的心态，我害怕这会挑战我的世界观，害怕自己受到影响。

在这种情况下，你会关注什么？你会把注意力放在哪里？

例如：成为父母后，我在意的是失去自由。

关于这个问题，你有什么想法？

例如：成为父母后，我的计划总是被搁置。我没有时间做任何事情。

你的感受是什么？

例如：我很紧张、害怕，或者我感觉很好。

这会对你的行为或态度产生什么影响？

　　　　　例如：我会拒绝本来可以接受的约会。我会以照顾孩子为借口拒绝做其他事情。

....

....

　　为了改变目前你认为有问题的状态，你会怎样转变自己的关注点？你能想到哪些具体可行的关注点？

　　　　　例如：这种情况如何帮助我成长？我应怎样利用这种情况实现我的目标？我还可以专注于自我提升，关注自己有待改进的地方，而不是我内心的恐惧。

....

....

　　带着新的关注点，想象你现在处于更高层级的意识中。那么，对于自己糟糕的现状，你的内心会出现哪些声音？你的想法是什么？

....

....

　　这些新想法产生之后，你会有什么感受？最主要的情绪会是什么？

....

....

　　在新的意识层级上，你会有什么样的行为或态度？

....

....

尝试找出你在每个意识层级上的优势。了解意识层级也能帮助你更好地理解周围的人，如你的亲人。

....

....

活动 3　冥想

有时大自然是我们心灵的映照。当你置身于大自然时，请花一点时间留意周围的一草一木，然后闭上双眼，感受此刻的心情。听从大自然的引导和自己的直觉。冥想时，你可以对自己说一些积极的话语。

"我的周围充满爱。"

"我选择平静下来。"

"我很自由。"

"我欣赏自己的与众不同。"

"我成功地完成了每一小步。"

你也可以创造一句属于你自己的话。

凝视光并不能让我们看清楚，要潜入光芒背后的黑暗才行。但这个过程往往是痛苦的，所以很少有人选择如此。

——卡尔·荣格（Carl Jung），瑞士心理学家

儿童活动

大自然

　　大自然有益身心健康，是我们的能量补给站。在大自然中呼吸和漫步可以让我们脱离日常生活中的琐碎，体会内心的感觉，重新找回自己。大自然可以帮助我们调节情绪、保持好心情，还能刺激免疫系统、提升认知能力。因此，在你喜欢的自然环境中尽情呼吸吧！你也可以与家人在大自然中共度美好时光，共同见证大地之母创造的种种奇迹，关键在于"探索"。

　　每一次季节交替都会对我们产生影响，尤其影响我们的生理节律。生理节律是指清醒阶段与睡眠阶段之间的更替。进入秋冬，白天变短，日照时间减少，我们的生理节律也会受到干扰，因其随日照时间和昼夜长短的变化而改变。因此，季节更替会影响人体激素的分泌。

　　血清素是一种神经递质，俗称"幸福激素"，有助于调节睡眠周期，同时也会影响心情。在阳光充足的情况下，人体会分泌血清素。它的作用在于：

- 唤醒我们；
- 让我们精力充沛。

夜幕降临后，白天积累的血清素会激活褪黑素，后者也被称为"睡眠激素"。因此，无论哪个季节，我们都要多与大自然接触，享受自然光。

活动 1 小园丁

建议孩子自己动手培育植物。该活动可以帮助孩子：

- 理解时间、节律、耐心、脆弱、照料等概念；
- 提升观察能力、推理能力和理解能力。

你可以收集一些玻璃罐给孩子用于装饰，和他一起挑选植物种子，如牛油果核、绿扁豆等。在种植绿扁豆时，先在玻璃罐底部铺一点棉絮，然后将扁豆撒在上面，让孩子决定用小勺还是用手撒。借助喷雾器、滴管或其他工具稍微润湿扁豆。大约 3 天后，扁豆种子就会发芽。此时，邀请孩子一起观察并交流想法。你还可以用扁豆做菜，给孩子视觉和味觉上的双重体验。

活动 2 大地艺术

和孩子一起用大自然中的原材料（如树枝、树叶、小草、花朵、小石子、松果等）创作艺术品，体验其中的乐趣。例如，将拾来的自然素材拼接成一幅画。允许孩子根据自己的想法修改作品。

这项艺术创造活动适用于任何年龄段的孩子及任何季节。

- 秋天：缤纷落叶。
- 春天：万物复苏。
- 冬天：枯枝败叶。
- 夏天：五彩斑斓。

动物

动物对孩子不仅有教育意义，也能促进其社交能力发展。具体来说，在家中饲养宠物有助于培养孩子的自主性，增强其自尊心及其情感层面的安全感，同时增强家庭凝聚力；此外，还可以培养孩子的责任感，让他们学会尊重生命。

活动 3　模仿动物姿势

建议孩子在瑜伽垫上模仿动物姿势，做动作的同时保持深呼吸。还可以模仿动物的声音来增加趣味性。

粉红火烈鸟

骆驼

蝴蝶
像蝴蝶振翅一样上下扇动双腿

冷与暖

冷与暖是我们身体感知到的感觉。这两种感觉相互矛盾，又相互吸引。温暖会让我们想到阳光和出游；而寒冷则令我们想喝着热巧克力窝在家里取暖。暖与冷两股力量在体内相互作用，直至达到平衡状态，从而调节我们的体温。

活动 4　感官"捕鱼"

拿两个小盆，向一个盆里倒入冷水，向另一个盆里倒入温水。将盛有冷水的盆放入冰箱冷冻，待水稍微结冰后拿出。在两盆水中各放

157

入一些小物品。可以在水里加几滴食用色素（例如，在冷水中滴入蓝色的色素，在温水中滴入红色的色素）。让孩子用手或小勺子捕捞藏在水中的小"宝藏"。

感觉

人是感官生物，我们早在胎儿期就能凭借五种感官探索、感受周围的环境。刺激感官有利于培养孩子的专注力、灵活性、协调性、创造力和好奇心。感觉可能源于听觉、视觉、嗅觉、触觉、味觉，以及我们隐藏的感官——前庭感觉和本体感觉系统。各大感官系统协同工作以决定我们的身体姿势和运动，提升我们的身体意识和空间感。所以我们无须时刻注意手脚就能在林中行走，在保持身体平衡的同时绕过障碍物。

如何唤醒孩子的感官？

在大自然中散步、允许孩子触摸食物、让孩子感受不同质地的衣物、辨别不同的气味、关注身边的事物，等等。

风与呼吸

孩子能看到、听到并感受到风拂过他的身体。风穿过发丝，给人以轻盈、自由的感觉。风摩挲树叶，沙沙作响，它或柔或烈，时而凉风习习，时而寒风瑟瑟。

活动 5　蝴蝶

（1）想象你是一只美丽的蝴蝶，想要展示翅膀的颜色。

（2）双臂交叉放于胸前。准备好之后，慢慢张开双臂，如同蝴蝶展开漂亮的翅膀。你的手臂可以随意移动。

（3）呼吸（深呼吸 2 次），感受空气在体内流动。

（4）合上双臂，恢复正常的呼吸。

保持站立姿势，练习 3 次。

用时：3 分钟。

赤脚走路

赤脚走在任何地面（沙子、草地、泥土、海滩等）上都能带来即时的幸福感，每个人一生中至少有过一次这种感觉。赤脚走路会刺激到足弓下方的反射区，从而给身体带来诸多益处，如促进血液循环、提振精神等。所以不要犹豫，有机会就赶紧脱掉鞋袜吧！

活动6 光脚丫

在户外或公园时，让孩子在一天中的不同时间去草地上散步。早晨，夜雨或露珠凝结过后，感受湿漉漉的青草；阳光明媚时，赤足在公园、海边等地漫步；夏天，草地被烈日晒干，光脚踩上去会有别样的感觉（如刺痛）。另外，还可以让孩子在不同质地的地面上行走；在家让孩子光脚感受不同材质（亚麻、棉、皮革、塑料、羊毛等）的物体。注意观察孩子探索时的反应，倾听他的感受。

第四部分

父母的挑战

每个孩子都各具天赋，关键在于如何让它们展现出来。

案例分享

我将分享几个家庭的案例，以此告诉大家几乎所有父母都会遇到一些育儿困难。为人父母的确是一场复杂而精彩的冒险。

如有需要，请及时寻求帮助！

二孩家庭（孩子分别 4 岁和 2 岁）

我们在双方都完成学业后才决定生育孩子。当时我俩已经在一起多年，最终希望可以安定下来。不久我就怀孕了。我很高兴，但同时也对这场全新的冒险和未知的前路感到害怕。我们有很多疑问，关于分娩、疼痛、体重增加、哺乳、房间布置，等等。很庆幸我的助产士、家人和朋友都令我非常安心。

怀孕过程很顺利，直到生产前一天我还在进行体育锻炼。我的体重没有增加太多。然而，最大的困难是看到我身体的变化！我真的非常难以接受。我觉得自己不好看，也从不展现自己；我一直想把自己的肚子藏起来。我不得不看心理医生来排解心中的苦闷，因为我担心宝宝会把这种身体不适当作对他的不欢迎。

分娩并没有如期而至，而且还遇到了一些突发状况，我很焦虑，但陪伴我的助产士很棒，她给我了详细的指导，让我安心。就生育计划而言，宝宝出生日的变数意味着我们不能完全按照预定计划进行。

我在婆婆的热切期待和要求下怀上了第一个孩子。虽说是玩笑，但社会似乎要求你在 30 岁之前必须生孩子！家人和朋友听到我怀孕的消息都特别高兴，在孕期给予我无微不至的照顾。不过产后的日子更艰难，因为大家关注的焦点由我变成了宝宝。

人们经常会忽略母亲在怀胎十月、分娩当日及产后所经历的一切。

"这是一次真正的身心挑战！"

月子期间，疲劳、疼痛、产后疾病、激素下降等问题接踵而至，我觉得很孤独，因为此时宝宝似乎才是最重要的。我发现产后一个月的时间对我来说很关键，特别是要了解和处理很多事情，如哺乳、婴儿哭闹、睡眠不足、全身疲劳，还有购买各种婴儿用品。

我遇到的另一个问题是我丈夫的陪产假太短了，当时只有半个月，而且我印象中这段时间他并没有提供多少帮助。

第二次怀孕是因为我们想给老大添一个弟弟或妹妹。我比我丈夫稍晚一些才萌生这个想法，因为我太舍不得我女儿，我想充分享受和她在一起的时光，见证她的每个"第一次"，看着她越来越独立。在经年累月的相处和磨合中，我们三口之家的生活变得越来越惬意。

"二胎前，我们生活在自己的舒适区里，一切都很美好。"

我们都知道二胎计划会颠覆目前的一切。随后会出现一连串的问题。

- "怎样才能在所有人都满意的情况下给每个人合适的家庭位置？"
- "怎样处理大宝和小宝的需求？"
- "在给小宝喂母乳时如果大宝拜托我做某件事该怎么办？"

这一切都得由我独自面对，因为孩子爸爸只有半个月的陪产假，也没有其他家人可以给我搭把手。生完二胎之后，回家成了一个难题，尤其是我要照顾两个孩子。大女儿还小，她不明白为什么有时她自己不得不暂居次位，小婴儿的需求又必须立刻得到满足。

社会却要求我们成为"超人妈妈"，要毫无怨言地包揽收拾屋子、采买家庭必需品等家务。但凡有一句怨言，我们就会被贴上"脆弱"或"敏感"的标签！

几个月里，我的大女儿在闹情绪；老二逐渐形成了自己的生活规律。我不得不抛下自己的社交生活来安排好家里每个成员在家庭里的位置。

幸运的是，尽管我丈夫工作繁忙、日程安排紧张，依旧会听我倾诉并陪在我身边。

两次怀孕的共同点是，每个人（家人、朋友甚至是陌生人）都会对怀孕、分娩、婴儿等问题发表自己的看法，虽然大多数时候是出于好意，但这些不断重复的意见（"这样做，不要那样做""想当年我们就是这样做的""当年可没有现在这么好的条件"）只会进一步强化社会压力，强迫我们去反思自己是不是好家长。

养育孩子是美妙的，它让我们更了解自己：我们的极限、耐心、付出、收获，以及为子女做出的牺牲。孩子的需求优先于我们自己的需求。我们的个人时间和二人世界变少了。或许是因为我们离不开孩子，所以我们几乎不会把他们交给他人照看。

对我们来说，养育孩子就是给予他们爱！现在我们是幸福的四口之家，一起经历过很多奇妙的时刻。

我们不会改变已经发生的任何事情！

6 月龄宝宝的家庭

毕业之后，我们的生育计划就很自然地提上日程了。我丈夫已经工作，而我毕业后也获得了工作机会。这份工作并非我的职业目标，但我选择在职业生涯之初生孩子，是因为我觉得这并不会阻碍我的职业发展。相反，我发现为了真正的事业，也就是我的孩子，去实现职业目标会更有动力。

我们不想给自己施压，我很快就怀孕了。我俩都很高兴。只不过真正怀孕之后，我们才感受到了一丝压力。

- "我们真的准备好了吗？"
- "这会不会太快了？"

从医学角度看，我的怀孕过程非常顺利，产检一路绿灯。我们也了解了最初几个月如何喂养宝宝：优先母乳喂养，如果母乳效果不好或者妈妈对此感到不适，则可以考虑混合喂养。

我和我丈夫甚至制作了一份有关我们的愿望，以及想传达给宝宝的重要价值观等一系列内容的清单。这份清单还在不断更新，成为我们做父母和夫妻的指导。

我们一起学完了一套分娩准备课程。夫妻一起学习很重要，因为这样我就不是在分娩当天唯一做好准备的人，我丈夫和孩子见面时也能像我一样成为积极的参与者。

女儿出生后，我们面临的主要问题是母乳喂养。在产房，助产士花了点时间传授了哺乳相关的喂养技巧，但我发现我们对疼痛没有做好足够的心理准备，而且也没有人告诉我如果乳头疼痛或开裂的话应该采取什么替代方案（如使用吸奶器）。幸亏我姐姐一直在身边给予我支持与帮助，让我可以继续母乳喂养。因为有了这些替代方案，几天后一切就恢复正常了。

尽管最初遭遇了许多困难，但我们一同克服了它们！

1岁宝宝的家庭

我怀孕时选择了一位和我们同样倾向自然生产的助产士。这段怀孕经历朴实而美妙。作为女性，我认为唯一的困难是我丈夫对我身体的看法：我的身体在变化，身材也走样了。他真的很难接受这一点，而他的态度也深深刺痛了我。正因如此，我们无法共度某些时刻，特别是没能一起参加学习通过按摩腹部与宝宝沟通的课程。我丈夫的这种表现一度让我很痛苦，但后来我意识到每个人都有自己的不足，而且我们还有其他很多机会可以和宝宝共度时光。

宝宝出生时我们特别高兴。但3个月之后，他总是肠绞痛，经常啼哭不止。看到他难受，我们的心也跟着揪了起来。自母乳喂养以来，我想尽了各种办法，也在我自己和他身上尝试了所有的自然疗法，尽量给宝宝提供对他肠道有益的帮助。我还试了好几种哺乳姿势，想找到效果最好的一种方式，我真的什么都试过了，最后才明白我的宝宝最需要的是有人陪在他身边，和他一起面对他的痛苦，耐心地等疼痛平息。这段时间对孩子爸爸来说也不容易，面对孩子的痛苦和哭闹，他感到手足无措。不过好在我们都很有耐心，而且一直保持沟通，最终挺过了这持续了大约两个半月的阶段。

孩子1岁后，周围人给我们的建议变得更多了，不过总体上是充满善意和支持性的建议。

3 月龄宝宝的家庭

得知自己要当爸爸的那一瞬间我超级高兴。然后我开始有些担心了，因为我收到的所有反馈都是"加油吧，一切都完了，你再也别想睡好觉了！""和夜生活说拜拜吧！""这么早！你不是还年轻吗？"之类的话。虽然都是负面评论，但我从不害怕父亲这个新角色。

不过我当时应该多了解一下怀孕初期。我妻子在这期间感觉很不舒服（恶心、情绪波动大等），我却无法帮她缓解不适。做第二次超声检查时我才真正意识到自己要当爸爸了。然后我开始怀疑自己："我要当爸爸了！我才 22 岁就必须承担父亲的责任了。我真的能胜任这个角色吗？"很多问题让我感觉不知所措，我开始真正感受到压力了。

在妻子怀孕初期，尽管我有很多疑问，却并不想告诉她，免得让她操心。她已经有太多麻烦要处理了。所幸随着时间的推移，情况在慢慢变好。

分娩日到了，我感觉自己是个既碍事又不重要的角色。另外，分娩并没有照预期进行，也没有人告知我可能面临的风险（剖宫产、孩子呼吸困难等）。面对这些复杂的情况，我感觉自己孤立无援。

我们的孩子出生了，但我还没有完全适应成为爸爸的事实。我看到孩子，把他抱在手里时，才明白自己是一位真正的父亲了。我的生活将因他而改变。

我在家里办公，因此可以和家人待在一起，这真的很幸运。一路走来，我们的家庭生活有起有伏。女性在哺乳初期尤其需要支持和爱，但我认为我们并未对此给予应有的重视。我当时还想知道肠绞痛会给孩子带来怎样的痛苦，还有这种疼痛会持续多久。

渐渐地，我们找到了真正能让宝宝放松的东西（用奶瓶喝水、安抚奶嘴、按摩等）。我们认真倾听孩子，他让我们知道什么可以让他平静下来。如果孩子不想再吮吸奶瓶了，就不必让他喝完。

最后，我很高兴成为一位父亲，尽管这有时并非易事。我还想补充一点，夫妻团结一心是很重要的（沟通、关心对方、倾听彼此、花点时间让自己恢复精力等）。

这是一次充满挑战的冒险之旅！

6 岁女孩的家庭

两年前，我女儿6岁，她原本很喜欢上学，直到有一天，我们隐约感觉她没以前那么开心了。她性格内向，很少告诉我们在学校发生的事情。我们以为她情绪低落是因为上学太累，等放假就好了。

但几周后她还是闷闷不乐。终于有一天，我们在一起玩耍、交谈时，她向我吐露了心声。她说不喜欢自己的卷发，想和朋友们一样拥有直发。她也不喜欢自己的肤色。她觉得自己和别人不同，有些另类，而且她的朋友们也这么认为，这让她十分难过。那天我们聊了很多，从她的感受聊到了友情及他人的目光，等等。

后来，我们和女儿的老师反映了此事，老师对此十分重视并在课堂上和孩子们探讨了相关话题，例如，怎样尊重与接纳他人？作为家长，我们给孩子买了关于个体差异、校园欺凌和自爱的图书。女儿所经历的一切在书中都有所涉及，这让她在身体和精神上都感觉轻松了不少。

现在，她的状态好了很多，每天开开心心地去上学，还结交了真正的朋友。她有时甚至还会用自己的经历去帮助那些同样"不受待见"的同学。

这段经历让我们和孩子之间更加坦诚，也更轻松地谈论彼此的情绪。我们吃晚饭时还会玩"情感转圈"游戏，每个人轮流讲述他的一天，开心或不开心的事情都要分享，但最后总是以自己喜欢的事情结束。我女儿和10岁的儿子都非常喜欢这段互相分享的家庭时光。

8岁男孩的家庭

我儿子今年8岁，非常活泼，对高新科技很感兴趣。我们和许多家长一样给孩子买了学习机和游戏机。可是他一待在电子屏幕前，就仿佛变了一个人：沉默、易怒、注意力涣散。每次我们让他关掉游戏机，他都会大发雷霆。对此不知所措的我们决定咨询心理医生，心理医生将我们转介给了一位言语治疗师来解决孩子的注意力问题。

我们在这位专家的指导下恍然大悟，深刻反思了我们的教育方法及给孩子营造的教育环境。我们渐渐不让他每天使用电子产品。经过几个月的治疗，那个健康快乐、热爱生活、兴趣广泛的小男孩又回到了我们身边。这件事也让我们和儿子之间多了层默契，拥有了更多美好的亲子时光。

治疗过程对孩子和我们来说都很艰难。我很庆幸能得到这位专家的帮助，我们一起组成了一支完美的团队。现在，我们在生活中还是会接触电子产品，但是使用方式和以前完全不同。例如，如果孩子要玩游戏机，他爸爸会在事先约定的时间内陪他一起玩。这样就不会出现意外情况，事后我们还可以一起交流游戏心得。

7 岁女孩的家庭

我们 7 岁的女儿不久前被诊断为具有高智力潜能。听到这个消息，我们松了口气，尽管这并不意味着问题已经解决了。诊断给出的只是一个可以拿来向周围人解释的理论数据，对我们的日常生活并没有任何改变。

女儿有很强的专注力，在很小的时候就能完成超过 100 片的拼图。她总是不停地提问。她的好奇心很强，什么都想试一试，什么都想弄明白。她刚上学那段时间是我们最艰难的时期，我们眼看着孩子日渐消沉，以为她对学习感到厌倦了。这让我和我丈夫十分困惑，于是决定找孩子的老师谈一谈。老师对我们说："她还只是个孩子，还有很多时间，而且你们不应该教她一些错误的方法。"这些话如同当头一棒，让我们陷入了迷茫。那该怎么办？与此同时，女儿对我们说她想要学习更多的知识。

渐渐地，她越来越沉默寡言，原本就很内向的她不愿意参加任何活动，因为她害怕自己说错话或者做得不够好。我们对于她在学校的处境也不知该如何是好。我们在家给她准备了很多趣味学习工具，她可以随时取用。从她游刃有余、乐在其中的样子可以看出她很喜欢这些学习工具。

在和校方进行了多次沟通后，校长建议将孩子升高一个年级就读。这的确是一个解决办法。然而，我和我丈夫对此都有些迟疑和担忧：虽然在智力方面，孩子更适合升高一个年级，但从情感角度来看，年龄和身高差异及其他孩子的目光会让她难以应对。

我们决定和女儿商量一下。最终她还是升了一级，为此我们十分关注她的情绪状态。如今，她已经上三年级了，比之前开朗了不少。但在日常生活中，我们还是会遇到困境。我们需要向孩子解释，父母也并非无所不知，无法立刻告诉她答案。

耐心和倾听是我们和女儿建立融洽关系的关键。此外，我们必须接受自己的不完美和不足，意识到存在知识盲区是很正常的事情。我们专门准备了一个笔记本让孩子记录她想了解或理解的东西，之后我们会找时间一一解答她的疑问或者一起研究、探讨。

养育倦怠

"养育倦怠"是一种因父母角色和各种养育压力累积而引发的重度倦怠感。经历养育倦怠的家庭越来越多，但家长们对该问题往往矢口否认或隐瞒。然而，这种疲惫感会让家长陷入恶性循环，直至心力交瘁。在进一步探讨前，我们首先要厘清几个概念，以便更好地理解它们之间的细微差别。

抑郁症会影响生活与工作的方方面面，而倦怠（burn-out）则是特定环境背景下的心理现象，通常只与个人生活的某一领域有关（主要是养育子女和职业生涯）。然而，个体在某一生活领域的倦怠感会增加其在其他领域出现倦怠感的风险，最终可能导致抑郁症。产后抑郁情绪一般会在分娩后几天内出现，主要起因是体内激素的变化，而产后抑郁症则是由人生方向的迷失及其他各种因素（疲惫、无助、孤独、孩子与理想的样子不一样等）共同导致的。

养育倦怠的表现

养育倦怠是一种特殊的四维综合征。法国有 6% 的父母面临这一问题。

疲惫是出现养育倦怠的第一个征兆，这是一种身心的双重疲惫。随后会出现情感疏离，即因照料子女而疲惫不堪的父母只给孩子提供最基本的保障，包括喂食、上学接送等，在情感上则疏远子女，进入一种机械化的教养模式。失去育儿乐趣是第三个征兆，此时父母认为与育儿有关的一切都要付出巨大的代价，也不愿和孩子共度美好时光。最后，反差感是指父母以前和现在的样子之间的巨大差距，这种失落进而会引发偏离感。

父母的内心平衡

精神源泉	压力源
他人的支持	疲劳
留给自己时间	压力
	负担

如何摆脱养育倦怠？

敢于向亲朋好友或专业人士求助。

让亲朋好友帮你分担一些养育责任。

尝试寻找可利用的资源。

摒弃或减少不必要的压力因素。

关爱自己。

接受自己是不完美的父亲或母亲。

特殊儿童的养育挑战

　　这类儿童与所谓的正常儿童有着完全相同的基本需求，他们只是在表达和满足需求的方式上有所不同。

每个孩子都各具天赋，关键在于如何让它们展现出来。

——查理·卓别林（Charlie Chaplin）

注意缺陷 / 多动障碍

注意缺陷 / 多动障碍（Attention Deficit and Hyperactive Disorder, ADHD）是一种注意力缺陷障碍，伴有或不伴有多动症状。

病理解释

神经心理学上有三种理论模型可以解释 ADHD 的病理。

- 巴克利模型：ADHD 可能是由无法抑制干扰行为造成的。
- 索努加—巴克模型：行为抑制困难可能是由于无法管理情绪和挫折感。
- 预设模式网络：目标导向思维模式受到过度活跃的内心语言和游离思绪神经网络的干扰。

从神经生物学角度来看，在围产期或新生儿期，个体的某些神经结构和神经网络可能会受到损害，从而导致 ADHD。

病因

遗传因素：大量研究表明，70% 及以上的 ADHD 患儿家庭存在相应的遗传基因。

环境因素：可能与母亲在怀孕期间的行为（如酗酒）与状态（如压力）、新生儿早产或体重过轻有关，也可能与儿童遭受过脑部创伤、虐待、早期的营养不良、严重睡眠障碍或性虐待有关。

错误观念

- 这种疾病不存在。
- 这是当下很普遍的现象。
- ADHD 就是缺少教养。
- 电子产品是罪魁祸首。
- 所有 ADHD 患儿都学习困难。
- 哌甲酯（一种常见的用于治疗 ADHD 的中枢神经兴奋剂）容易使患者成瘾。

ADHD 子类型

（1）**多动 / 冲动型**：有强烈的走动需求，表现为难以保持专注；不受控制地说话、活动；经常打断别人说话。

（2）**注意力不集中型**：主要表现为难以集中注意力，容易被自己的思绪、周围的声音或动作分散注意力。

（3）**混合型**：上述两种类型的结合，表现为多动且话多，易分心。

药物治疗

由医学领域专业人士开具处方，并辅以相应的心理、社会和教育适应性治疗。

实用建议

建立惯例：简单的生活惯例（可以借助可视化工具）有助于思维的结构化。

制作卡片：制作 3 张标语卡片，分别标注"停止""思考""行动"3 个词语，用来帮助患儿反思、抑制冲动及自我纠正。

呼吸练习：花点时间练习方形呼吸法，保持吸气 4 秒，呼气 4 秒。刚开始练习时和孩子一起边做边大声数数。呼吸练习可以使患儿更好地控制情绪并集中注意力。

> **你知道吗？**
>
> - 5% 的学龄儿童患有 ADHD，相当于每个班级约有 1 名患儿。
> - 男孩患病率比女孩高 3 倍。
> - 2.5% 的成年人患有 ADHD。
> - 10% 的 ADHD 患者得到了诊断和治疗。

高智力潜能儿童

高智力潜能儿童（也称资优儿童）往往天赋异禀、异于常人、思维活跃、智商极高。

特征

神经学：神经元连接速度更快，大脑不同区域间的信息传递更高效。

心理学：高智商者具有特殊的心理特征。

心理特征

超敏感性：具有高度敏感的感官和情绪，就像雷达一样，然而这会干扰个体的发展，使其无法较好地适应环境。

超发散思维：具有敏捷而发散的思维能力，属于一种下意识的警觉，擅于比较、整合自身经历并将其与以往所学或所见联系起来。

超思辨能力：对控制感、深层次的思辨及不断的自我反省有着强烈的需求。

错误观念

- 这是一种疾病。
- 这是一种心理障碍。
- 这是一种残疾。
- 他们是小天才。

  事实上，这是一种特殊的神经心理运作方式。

高智力潜能儿童的子类型

（1）**复合高潜能型**：具有强烈的情感融合倾向及极其敏锐的直觉。喜静，富有创造力且十分敏感，渴望被安抚。他们需要不断地获得刺激，学习上注重融会贯通，倾向于凭直觉推理。智商测试结果往往高低不一，他们追求外界的认可。

（2）**特定高潜能型**：具有敏锐、迅速、分析性的推理能力，痴迷于某一特定领域。他们通常是好学生，但学习对他们来说不是必需的，有时他们还会对学业感到厌倦。智商测试结果比较一致。他们通常要求严格。

然而，不存在完全纯粹的复合高潜能者或特定高潜能者。

实用建议

制定明确的规则：允许孩子表达自己的想法并向其解释清楚规则（原因和必要性）。可以通过家庭会议讨论、制定规则。

帮助孩子了解情绪：借助一些情绪小游戏鼓励孩子说出自己的感受。

回应孩子的疑问：可以利用图书、网络等资源，或通过口头交流解答孩子的问题。

冥想：呼吸练习有助于管理焦虑情绪，抑制过于活跃的思维。

你知道吗？

- 高智力潜能者在总人口中的比例为2.3%。

- 高智力潜能者智商水平不低于130；但高智力潜能不能仅凭智商测试数据来判定，需要综合一系列因素。

- 在学生群体中，高智力潜能学生占比为2%～3%，其中1/3的学生学习成绩差。

- 每个班级有1～2名高智力潜能学生。

高情绪潜能儿童

情绪潜能又称情绪智力（即情商）。虽然高情绪潜能儿童往往不为人知，但实际上每个班级都有2～3名这类学生。他们生来就具备理解、接纳他人情绪的能力。简单来说就是能够感受到他人的情绪并根据对方的情绪调整自身的行为。

其特质包括：

- 极其敏感；
- 共情能力强；

- 高度自觉；

- 擅于理解非言语信息；

- 极具幽默感。

人的一生中，情商会不断发展变化。高情商者会拥有高智商者的某些特质，如思维活跃且发散、不合群等。但一个人拥有高情商并不意味着他同样拥有高智商。高情商也不等于高敏感，虽然高敏感通常是高情商者的特征之一。

高敏感儿童

高敏感也称过度敏感，它既不是一种心理障碍，也不是一种疾病，而是一种持续存在的性格特质。这类个体有异于常人的敏感性，如情绪更加激烈、感觉异常敏锐及过度共情。约有 25% 的人属于高敏感人群，男女比例没有太大差异。其中，生理高敏感人群和情绪高敏感人群的数量基本相当。

高敏感者的表现包括：

- 情绪激烈；

- 他人意识强烈；

- 特定感觉极为敏锐；

- 直觉灵敏、喜欢思考；

- 善于洞察细节。

同时伴有以下特征：

- 天生善于观察；

- 具有发散思维；

- 易疲劳；

- 富有想象力和创造力；

- 有焦虑倾向；

- 同理心强；

- 认知活动丰富；

- 情绪易泛滥；

- 有自我封闭和孤立倾向。

认知障碍

认知障碍属于神经发育障碍，包括各种特定的认知异常及由此引发的学习障碍。

智力迟滞和认知障碍

智力迟滞往往是整体性的，患者仍存在很大的进步空间，能力会有明显的发展。智力迟滞可能与下列因素有关：

- 大脑发育迟缓；

- 环境；

- 教育匮乏；

- 学校教育不当。

而认知障碍则具有持久性和连续性，无法被彻底治愈。治疗进展通常较缓慢，患者需要付出巨大的努力才能习得相关技能，日常生活和学习也会受到严重影响。一般来说，一种认知障碍背后可能隐藏着另一种甚至多种认知障碍。因此，

> **错误观念**
>
> - 认知障碍源于心理问题。
> - 认知障碍由性格懒惰所导致。
> - 认知障碍不过是时兴的新概念。
> - 认知障碍不过是学习能力差而已。

如果你怀疑孩子患有某种认知障碍，请务必及时了解情况，并根据你的发现寻求专业人士的帮助，如儿科医生、言语治疗师、精神运动康复治疗师、职业康复治疗师等，还可以咨询妇幼保健中心等机构的专业人士。

将你的与众不同转化为力量并加以培养，它不可多得，弥足珍贵。

——诺埃米·帕内捷（Noémie Pannetier）

认知障碍的类型

语言障碍

定义：一种语言习得与运用障碍，主要分为 3 种类型——表达型语言障碍、理解型语言障碍及混合型语言障碍。

症状：对话困难、学习困难、语言结构混乱、理解障碍、词汇量匮乏等。

阅读障碍

定义：一种难以流畅阅读的障碍。

症状：阅读和书写速度缓慢、语言组织困难、注意力易受噪声干扰、易疲劳、口

头表达优于书面表达。

拼写障碍

定义：一种与拼写有关的障碍，可以分为以下 4 种类型。

- 语音型：发音困难（50% 的患者存在该问题）。
- 表象型：遗觉记忆[①]障碍、词汇识记困难（30% 的患者存在该问题）。
- 视觉注意型：这类患者在处理视觉信息时存在困难。
- 混合型：同时具备上述多种类型拼写障碍的特征，问题较复杂。

症状：难以运用语法配合规则、无法记住单词的拼写和字的笔画、不会区分条理次序；在得到指导、反复读记、纠正的情况下仍存在拼写困难；对书写尤为焦虑，等等。

书写障碍

定义：一种难以用手流畅书写的障碍，会影响所写文字的形状、布局、轮廓及文字的间隔。

症状：难以再现文字形状、在书面练习中握不住学习用具（铅笔、剪刀等）、不会拼读和书写认识的单词和字、字迹难以辨认、书写动作笨拙、对书写感到焦虑等。

动作协调障碍

定义：一种关于动作构思、规划与执行的障碍，分为 7 种类型——结构障碍、视

---

① 遗觉记忆（eidetic memory）：一种瞬间记忆的能力，拥有该能力的人可以在不借助记忆技巧的前提下，在只看过一次后，短时间内高度精确地从记忆中召回图像。——译者注

觉空间结构障碍、非结构障碍、观念性失用、观念运动性失用、穿衣动作障碍及口面部运动障碍。

症状：难以搭建和组装物体，在独自穿衣、临摹绘画、模仿等方面存在困难。

计算障碍

定义：一种和理解数学符号、运用数学能力有关的障碍，主要涉及数字、空间、流程和算术 4 个方面。6% 的学龄儿童存在该问题。

症状：在理解问题、运算、组织运算步骤及解题等方面存在困难。

执行障碍综合征

这是一种执行功能层面的神经发育障碍，可能与 ADHD 有关。该综合征通常不会影响智力，却会使个体难以融入集体、无法克制自己，以及时间规划能力差，可能会影响孩子在图形、写作、语言、运动等方面的学习能力。

你知道吗？

- 10% 的人受特定学习障碍的影响。
- 10 个孩子中就有 1 人患有该障碍。
- 共有 8 种特定的语言和学习障碍。

孤独症谱系障碍

孤独症谱系障碍（Autism Spectrum Disorder，ASD）是一种自出生起就存在的神经发育障碍，影响儿童成长发育的多个方面，其性质和严重程度可能会随着年龄而变化。"谱系"一词指的是患者的各种表现和能力及不同程度的功能障碍，主要依靠临床诊断判定。

预警信号

ASD 最初会出现如下表现：

- 沟通困难；
- 社交障碍；
- 行为刻板；
- 兴趣狭窄且不寻常；
- 感官低敏或超敏。

例如，缺乏眼神交流、在 18 月龄后仍不能开口说话、自己无法指认物体、注意力分散、不会模仿。

> **你知道吗?**
>
> - 每 100 人中就有 1 人患有该障碍。
> - 男孩的患病率是女孩的 3 ~ 4 倍。
> - 儿童满 36 月龄后可由专业人士诊断是否患有该障碍。
> - 1/3 的患儿上幼儿园不超过 2 天。
> - 60% 的患儿从未接受过学校教育。
> - 3 ~ 5 岁是孤独症确诊的平均年龄。

> **错误观念**
>
> - 将儿童患该病的病因归于母亲。
> - ASD 患者不与外界交流。
> - 他们感受不到情绪。
>
> 事实上，ASD 是由神经系统和大脑的非典型发育造成的一种神经发育障碍，患者的某些感知和认知功能与常人存在明显差异。

教育不只有一条路

近年来各式各样的教育方法百花齐放，我建议家长全面了解教育领域的主要流派，感受它们之间的异同。教育方法没有好坏之分，家长们只需从中选择符合自己观念的方法即可。

鲁道夫·施坦纳（Rudolf Steiner，1861—1925）

主要理念：

- 尊重孩子的成长节奏，建立惯例；
- 全面激发孩子的智力、动手能力、创造力，培养其专注力和好奇心；
- 以和蔼、热情的态度对待孩子，让孩子体会到学习的乐趣；
- 通过节庆活动、讲故事和传说等方式培养孩子的想象力和道德感；
- 首选自由游戏和创意活动来加深孩子对自我的了解。

玛丽亚·蒙台梭利（Maria Montessori，1870—1952）

主要理念：

- 提出了"吸收性心智和敏感期"的概念；
- 强调秩序感与宁静的氛围；
- 重视动手操作和试验；
- 选择适当且逐步进阶的教具；
- 培养孩子独立自主的能力。

欧维德·德克罗利（Ovide Decroly，1871—1932）

主要理念：

- 提出整体化教育概念；
- 以孩子的兴趣为出发点提高学习效率；
- 通过观察、联想和表达开发孩子的表达潜能；
- 通过感官体验、自由选择和互助的学习模式激发孩子的学习动力；
- 教育方法应以儿童游戏带来的能量为基础。

塞莱斯廷·弗雷内（Célestin Freinet，1896—1966）

主要理念：

- 自由表达是重要的"教具"；

- 自信是独立自主的个体的特征；

- 重视设想和重复，按照孩子的节奏巩固学习内容；

- 通过观察和了解周围环境来丰富自我。

埃米·皮克勒（Emmi Pikler，1902—1984）

主要理念：

- 给予孩子关怀与照顾，强化孩子的依恋关系与情感联结；

- 鼓励孩子自发活动和自由行动；

- 呵护孩子的整体健康。

结　语

　　至此本书已进入尾声。希望它能帮助你对自己及孩子复杂的成长历程多一些了解和体会。孩子的行为不再难以捉摸，你现在已经掌握了破译它的"工具"。请利用好这些"工具"，并根据实际情况做出调整，将它们变成得心应手的养育技能。

　　为人父母的旅途中虽然会有艰难和痛苦，却也存在许多有爱的时刻。这是一段相互分享、相互学习的旅程。记得照顾好自己，因为你的幸福是孩子幸福的源泉。除了父母的陪伴和爱，孩子的茁壮成长还离不开一定的自主能力和自由探索。